常见园林观果植物260种图鉴

任全进　杨　虹　于金平　编

化学工业出版社
·北京·

内容简介

《常见园林观果植物260种图鉴》共收录了园林观果植物260种。每种植物都配有色彩斑斓的写实照片。全书内容丰富，文字简洁，植物识别特征明显，图文并茂，对各种观果植物的拉丁名、科属、形态特征、生长习性、观赏价值及园林用途进行了精炼概括。本书具有很强的实用性和科普鉴赏价值。

《常见园林观果植物260种图鉴》适合从事园林规划设计、园林植物养护管理及园艺、农林等管理部门从业人员和广大植物爱好者使用，也可以作为农林院校园林、园艺、林学、农学等相关专业师生的教学实习参考用书。

图书在版编目（CIP）数据

常见园林观果植物260种图鉴 / 任全进，杨虹，于金平编．—北京：化学工业出版社，2022.7
ISBN 978-7-122-41293-5

Ⅰ.①常… Ⅱ.①任…②杨…③于… Ⅲ.①观果树木-图集 Ⅳ.①S686-64

中国版本图书馆CIP数据核字（2022）第069656号

责任编辑：尤彩霞　　装帧设计：关　飞
责任校对：赵懿桐

出版发行：化学工业出版社
（北京市东城区青年湖南街13号　邮政编码100011）
印　　装：北京宝隆世纪印刷有限公司
889mm×1194mm　1/32　印张8 1/2　字数287千字
2023年1月北京第1版第1次印刷

购书咨询：010-64518888　　售后服务：010-64518899
网　　址：http://www.cip.com.cn
凡购买本书，如有缺损质量问题，本社销售中心负责调换。

定　　价：88.00元

前　言

随着人们生活水平的日益提高，对生存环境质量的要求也越来越高。观果植物作为观赏植物中的重要组成部分，它们或有奇特的果形，或有艳丽的色彩，或有浓郁的香气，或有多样的果序，或有丰硕的果实，吸引着人们的目光，逐渐在园林植物景观中成为景点、看点，为园林景观带来了更多的色彩与生机。

观果植物在园林景观中的应用，既丰富了园林景色，又为鸟类等动物提供食物源，对维持城市生态稳定和城市生物多样性具有重要意义。观果植物种类繁多，各具特色，常用来营造独特的园林景观，给人以美的享受。观果植物在园林绿化应用上，不仅体现了园林造景的春华秋实，而且还丰富了植物的季相色彩。编写《常见园林观果植物260种图鉴》就是为了让更多的人认识和了解观果植物、科学利用观果植物。

本书共收录观果植物260种，内容丰富，文字简洁，主要介绍观果植物的识别特征、生长习性、观赏价值及园林用途，对观果植物的科学普及有较大帮助。适合从事园林规划设计、园林植物养护管理和园艺、林学专业的广大师生及从事农林工作的管理者使用。

《常见园林观果植物260种图鉴》在编写中得到了南京市园林学会、江苏省风景园林协会的支持，在此表示感谢。

由于编者水平有限，书中难免有不足之处，敬请广大读者批评指正。

编者

2022年7月于江苏省中国科学院植物研究所（南京中山植物园）

目 录

乔木类 / 1

灌木类 / 157

藤本类 / 208

草本类 / 231

乔木类

1. 侧柏

拉丁名： *Platycladus orientalis*

科属： 柏科侧柏属

形态特征： 常绿乔木，高达20米。树皮淡灰褐色，纵裂成条片。生鳞叶的小枝直展，扁平，排成一平面，两面同形。鳞叶二型，交互对生，背面有腺点。雌雄同株。雄球花黄色，雌球花蓝绿色被白粉。球果卵圆形，成熟后红褐色开裂。花期3～4月份，球果10月份成熟。

生长习性： 喜光，幼树耐阴。适应性强，对土壤要求不严。

观赏价值及园林用途： 树姿优美，枝叶苍翠，是我国古老的园林树种之一，适宜于陵园、墓地、庙宇等地作基础绿化植物，也可用作庭院树。木材可作建筑、家具等用材。

2. 蓝冰柏

拉丁名： *Cupressus glabra* 'Blue Ice'

科属： 柏科柏木属

形态特征： 常绿乔木。株形垂直。鳞叶蓝色或蓝绿色。球果球形或近球形。种子长圆形或长圆状倒卵形，两侧具窄翅。果期10～11月份。

生长习性： 喜光，耐寒、耐高温，喜温暖湿润气候，对土壤要求不严。

观赏价值及园林用途： 整株呈圆锥形，形态美观，叶色蓝色迷人，适宜于庭院、道路两旁孤植或列植，具有较高的观赏价值。

3. 罗汉松

拉丁名： *Podocarpus macrophyllus*

科属： 罗汉松科罗汉松属

形态特征： 常绿乔木，高可达 20 米。叶线状披针形，螺旋状互生。雄球花穗状，雌球花单生于叶腋。种子单生于叶腋，卵圆形，深绿色有白粉，着生于肉质的种托上，种托紫红色。花期 4 ～ 5 月份，种子 8 ～ 9 月份成熟。

生长习性： 喜温暖湿润气候，耐寒性弱，耐阴性强。对土壤适应性强。

观赏价值及园林用途： 树形优美，枝叶苍翠，适宜于庭院、公园、小区绿化种植。材质细致均匀，易加工，可做家具、器具、文具、农具。

4.竹柏

拉丁名： *Nageia nagi*

科属： 罗汉松科竹柏属

形态特征： 常绿乔木，高达20米，胸径50厘米。种子圆球形，成熟时假种皮暗紫色，有白粉，花期3～4月份，种子10月份成熟。

产地及生长习性： 我国台湾特有树种，生长于散常绿阔叶林中。喜温暖湿润的环境，耐阴，在贫瘠土壤生长缓慢。

观赏价值及园林用途： 四季常青，树冠浓郁，树形美观，适宜于庭院、住宅及街道绿化。种仁油还可供食用及工业用油。

5. 银杏

拉丁名： *Ginkgo biloba*

科属： 银杏科银杏属

形态特征： 高大落叶乔木，高达40米，胸径可达4米。雄球花淡黄色，雌球花淡绿色。果实近球形，黄色。花期4～5月份，果期9～10月份。

生长习性： 银杏为中生代孑遗的稀有树种，是我国特产。喜光，喜温暖、湿润气候，适应性强。

观赏价值及园林用途： 庭院、行道树、风景树等。秋季叶变金黄，十分美观。银杏种子的肉质外种皮含白果酸、白果醇及白果酚，有毒；银杏果实可以食用（多食易中毒）及药用。为优良木材，供建筑、家具、室内装饰、雕刻、绘图板等用。

6. 红豆杉

拉丁名： *Taxus wallichiana* var. chinensis

科属： 红豆杉科红豆杉属

形态特征： 常绿乔木，高达30米。树皮灰褐色，裂成条片脱落，叶排列成两列，条形。花小，种子扁卵圆形，假种皮杯状，肉质红色。

生长习性： 红豆杉的适应性较强，在我国的南北方均可以种植，喜欢凉爽的气候，耐寒、耐阴。喜欢湿润，但是怕涝。土壤要求疏松、肥沃并排水性良好，以沙质土壤为佳。

观赏价值及园林用途： 枝叶秀美，种子红艳，适宜于庭院、园林栽植，也可盆栽于室内观赏。种子可入药。心材橘红色，边材淡黄褐色，纹理直，结构细，坚实耐用，干后少开裂，木材可做各种器具。

7. 粗榧

拉丁名： *Cephalotaxus sinensis*

科属： 红豆杉科三尖杉属

形态特征： 常绿灌木或小乔木，高达 15 米。树皮灰色或灰褐色，薄片状脱落。叶条形，通常直，排列成两列。花小。种子 2 ～ 5 个着生于轴上，卵圆形。花期 3 ～ 4 月份。种子 8 ～ 10 月份成熟。

生长习性： 生长较慢，耐阴，喜温暖气候，较耐寒，抗虫害能力很强，喜肥沃土壤。

观赏价值及园林用途： 四季常绿，树冠整齐，针叶粗硬，秋季种子挂于枝头，极具观赏价值，适宜于大乔木下及草坪边缘栽植观赏，也可作盆景。木材坚实，可制作农具及工艺品，种子可榨油。枝叶可提取生物碱入药。

8. 香榧

拉丁名： *Torreya grandis* 'Merrillii'

科属： 红豆杉科榧属

形态特征： 常绿乔木，高可达 25 米。叶条形，表面深绿光亮。花小。种子大形，核果状，有假种皮包被，熟时假种皮淡紫褐色，被白粉。花期 4 月份，种子翌年 10 月份成熟。

生长习性： 喜光、稍耐阴，喜温暖湿润气候及深厚肥沃的酸性土壤。

观赏价值及园林用途： 枝繁叶茂，树枝优美，秋季挂果，是良好的园林绿化树种和背景树种，又是著名的干果树种。种仁、枝叶可入药。

9. 云杉

拉丁名： *Picea asperata*

科属： 松科云杉属

形态特征： 常绿乔木，高达 45 米，树冠圆锥形。叶四棱状条形。球果圆柱形，未成熟前绿色，成熟时呈褐色。花期 4 ～ 5 月份，球果 9 ～ 10 月份成熟。

生长习性： 喜光，有一定耐阴性。喜冷凉湿润气候，喜微酸性、深厚且排水良好的土壤。

观赏价值及园林用途： 材质优良，生长快，是重要的木材树种。适宜于作造林树种及盆栽室内观赏。

10. 金钱松

拉丁名： *Pseudolarix amabilis*

科属： 松科金钱松属

形态特征： 落叶乔木，高达 40 米。树干通直，树枝平展，树冠宽塔形。叶条形，鲜绿色，秋后金黄色。雄球花黄色，雌球花紫红色。球果卵圆形，成熟时淡红褐色。花期 4 月份，球果 10 月份成熟。

生长习性： 喜光、喜温暖湿润的气候，耐寒、不耐干旱贫瘠、不耐积水。

观赏价值及园林用途： 树姿优美，秋叶金黄，球果较大，是名贵的庭院观赏树种。木材为优良建筑用材，根皮可入药。

11. 红茴香

拉丁名： *Illicium henryi*

科属： 五味子科八角属

形态特征： 常绿灌木或小乔木。叶革质，倒披针形。花粉红至深红。暗红色。蓇葖果八角形。花期 4 ～ 6 月份，果期 8 ～ 10 月份。

生长习性： 阴性树种，耐贫瘠、较耐寒，喜土层深厚、排水良好、肥沃疏松的沙质壤土。

观赏价值及园林用途： 四季常绿，树形优美，花色鲜艳，适宜于盆景及城市色块、花墙及隔离带种植。

12. 鹅掌楸

拉丁名： *Liriodendron chinense*

科属： 木兰科鹅掌楸属

形态特征： 落叶大乔木，树高达40米。叶片马褂状。花单生于枝顶，杯状，黄绿色。聚合果纺锤形，由具翅的小坚果组成。花期5月份，果期9～10月份。

生长习性： 中性树种，喜温和湿润气候，耐寒性较强，喜深厚肥沃、排水良好的酸性或微酸性土壤。

观赏价值及园林用途： 树形端正，花淡黄绿色。叶形及聚合果形态奇特，秋叶金黄，是优美的庭荫树和行道树种。树皮可入药。木材淡红褐色，可作家具、建筑用材。

13. 荷花玉兰

拉丁名： *Magnolia grandiflora*

科属： 木兰科北美木兰属

形态特征： 常绿乔木，在原产地高达30米。叶厚革质，较大，椭圆形，叶深绿色，有光泽。花大、白色、芳香。聚合果圆柱状，种子近卵圆形或卵形，外种皮红色。花期5～6月份，果期9～10月份。

生长习性： 喜光，幼时稍耐阴，喜温湿气候，较耐寒。喜肥沃湿润且排水良好的微酸性或中性土壤。

观赏价值及园林用途： 树形优美，花大清香，假种皮红艳，极具观赏价值，适宜于庭院、公园、道路、工厂等种植。

14. 玉兰

拉丁名： *Yulania denudata*

科属： 木兰科玉兰属

形态特征： 落叶乔木，高达25米，阔伞形树冠。叶纸质，倒卵形。花白色，基部常带粉红色，极香。蓇葖果褐色，种子心形，具鲜红色假种皮。花期2～3月份，果熟8～9月份。

生长习性： 喜光、喜温暖湿润气候，适宜生长于肥沃疏松的土壤。

观赏价值及园林用途： 先花后叶，早春时节白花满树，芳香四溢，非常壮观，夏秋季红色的种子鲜艳夺目，适宜于庭院、路边、建筑物前栽植观赏。花可药用及食用。

15. 宝华玉兰

拉丁名： *Magnolia zenii* Cheng

科属： 木兰科木兰属

形态特征： 落叶乔木，高达11米。叶膜质，倒卵状长圆形或长圆形。花先叶开放，芳香，白色，背面中部以下淡紫红色，上部白色。聚合果圆柱形。花期3～4月份，果期8～9月份。

生长习性： 喜光、喜温暖湿润气候，适宜生长于肥沃疏松的土壤。

观赏价值及园林用途： 树干挺拔，花大艳丽，芳香，是优美的庭院观赏树种。

16. 凹叶厚朴

拉丁名： *Houpoëa officinalis* ‘Biloba’

科属： 木兰科厚朴属

形态特征： 落叶乔木，高达20米。叶大，近革质，先端凹缺。花大，白色，芳香，花被片厚肉质。聚合果长圆状卵圆形，种子三角状倒卵形。花期5～6月份，果期8～10月份。

生长习性： 我国特有植物中性偏阴，喜凉爽湿润气候及肥沃排水良好的酸性土壤，畏酷暑和干热。

观赏价值及园林用途： 叶大荫浓，花大而美丽，适宜于庭院栽植及作景观绿化树种。树皮可入药，木材可做各种器具。

17. 扇叶露兜树（红刺露兜树）

拉丁名： *Pandanus utilis*

科属： 露兜树科露兜树属

形态特征： 常绿乔木或灌木，直立，茎常具气生根。叶革质，狭长带状。果为聚合果，圆球状或长椭圆状，由多数、木质、有角的核果组成。花单性异株，雄花序下垂，花丝长，花具芳香。花期 1 ～ 5 月份，果熟期 9 ～ 11 月份。

生长习性： 原产于非洲马达加斯加岛，在我国台湾、广州、西双版纳有栽培。喜光、喜高温多湿气候，适合于海岸沙地种植，为很好的滩涂、海岸绿化树种。

观赏价值及园林用途： 树形优美，果实成熟时由绿变红，极具观赏性，是优良的海岸防风固沙绿化树种及庭院观叶观果绿化树。

18. 棕榈

拉丁名： *Trachycarpus fortunei*

科属： 棕榈科棕榈属

形态特征： 乔木状，高 3 ～ 10 米或更高，树干圆柱形。叶近圆形，深裂成线状剑形。花序粗壮。雌雄异株，花黄绿色。果实阔肾形，成熟时淡蓝色，花期 4 月份，果期 12 月份。

生长习性： 我国长江以南地区广泛栽培。喜光，稍耐阴，喜温暖湿润气候，耐寒性强，适应性强。

观赏价值及园林用途： 树干挺拔，叶形奇特，花果序硕大，适宜于庭院、道路、花坛等观赏种植，也可成片栽植成棕榈林。棕皮是重要纤维材料，果实、叶、花、根等亦可入药。

19. 椰子

拉丁名： *Cocos nucifera*

科属： 棕榈科椰子属

形态特征： 乔木，高 15 ～ 30 米，茎干粗壮。叶大，羽状全裂。佛焰苞纺锤形。果卵球状或近球形，每 10 ～ 20 个聚为一束，极大。花果期主要在秋季。

生长习性： 主要产于我国广东南部诸岛及雷州半岛、海南、台湾及云南南部热带地区。喜光，喜高温、湿润气候，不耐干旱，喜海滨和河岸的深厚冲积土，抗风能力强。

观赏价值及园林用途： 风格独特，体形突出，是热带常用园林绿化树种，可作行道树、庭荫树、园景树等。椰子具有较高的经济价值，全株各部分都有用途。椰子汁、椰子肉均可食用。

20. 山白树

拉丁名: *Sinowilsonia henryi*

科属: 金缕梅科山白树属

形态特征: 落叶灌木或小乔木，高约 8 米。果序长，蒴果无柄，卵圆形，种子黑色，有光泽。花期 5 ～ 6 月份，果熟 8 ～ 9 月份。

生长习性: 喜散射光，喜肥，喜水，喜湿润通风环境。

观赏价值及园林用途: 树形优美，果序垂悬，犹如串串铃铛，非常美观，适宜于庭院绿化或作行道树。

21. 火筒树

拉丁名： *Leea indica*

科属： 葡萄科火筒树属

形态特征： 直立灌木或小乔木，全株光滑无毛。伞房状复二歧聚伞花序，花淡绿色。浆果扁球形，嫩时红色，成熟为红褐色。花期4～7月份，果期8～12月份。

生长习性： 我国广东、广西、海南、贵州、云南等地广泛分布。喜高温多湿，喜肥沃、排水良好沙质土壤。

观赏价值及园林用途： 株形秀美，果实鲜艳，是优良的观花观果树种，适宜于庭院、公园绿地种植。

22. 酸豆（酸角）

拉丁名： *Tamarindus indica*

科属： 豆科酸豆属

形态特征： 常绿乔木，高 10 ～ 15 米，树皮暗灰色。总状花序，花黄色或杂以紫红色条纹，少数。荚果圆柱状长圆形，肿胀，棕褐色，种子褐色有光泽。花期 5 ～ 8 月份，果期 12 ～翌年 5 月份。

生长习性： 喜光照，喜炎热气候，耐旱，不耐寒，对土壤要求不严。

观赏价值及园林用途： 植株枝叶繁茂，冠幅大，抗风力强，适宜于沿海种植及作行道树、遮阴树，果实酸甜可口，可生食或熟食。

23. 凤凰木

拉丁名： *Delonix regia*

科属： 豆科凤凰木属

形态特征： 高大落叶乔木，高达 20 余米。二回羽状复叶。总状花序，花大而美丽，鲜红至橙红色，花瓣具黄及白色花斑。荚果带形，扁平，暗红褐色，成熟时黑褐色，种子横长圆形，黄色。花期 6 ～ 7 月份，果期 8 ～ 10 月份。

生长习性： 原产于非洲马达加斯加，世界热带地区常栽种。我国云南、广东、广西、福建、台湾有栽培。喜阳，耐高温高湿，不耐寒，宜肥沃、排水良好的土壤，也耐瘠薄。

观赏价值及园林用途： 枝叶繁茂，花大色艳，色彩夺目，适宜于作行道树、庭荫树。

24. 花榈木

拉丁名: *Ormosia henryi*

科属: 豆科红豆属

形态特征: 常绿乔木，高 16 米。花淡紫绿色。荚果扁平，紫褐色，种子椭圆形，鲜红色。花期 7 ～ 8 月份，果期 10 ～ 11 月份。

生长习性: 喜温暖，有一定的耐寒性，全光及阴暗处均能生长，喜湿润土壤。

观赏价值及园林用途: 植株木材细腻，色彩美观，是优良的家具用材，果实成熟时果荚裂开，露出鲜红的种子，也极具观赏价值，适宜于庭院种植。根、枝、叶也可入药。

25. 红豆树

拉丁名： *Ormosia hosiei*

科属： 豆科红豆属

形态特征： 常绿或落叶乔木，高 20 ～ 30 米。花白色或淡紫色。荚果近圆形，扁平，褐色，种子圆形，红色。花期 4 ～ 5 月份，果期 10 ～ 11 月份。

生长习性： 喜光，喜温暖湿润气候，较耐寒。

观赏价值及园林用途： 树姿优雅，枝叶繁茂，红色的种子非常显眼，是很好的庭园树种。也是优良的家具用材，根与种子均可入药。

26. 腊肠树

拉丁名：*Cassia fistula*

科属：豆科腊肠树属

形态特征：落叶小乔木或中等乔木，高 15 米。总状花序长达 30 厘米以上，花黄色。荚果圆柱形，长 30 ～ 60 厘米，形如腊肠，黑褐色。花期 6 ～ 8 月份，果期 10 月份。

生长习性：原产于印度、缅甸、斯里兰卡，我国南部和西南部各省区均有栽培。喜光也耐阴，抗风性强，喜排水良好土壤。

观赏价值及园林用途：花开时满树金黄，果实形如腊肠，观赏价值高，适宜于庭院、公园作景观树或行道树栽植。果实可入药。

27. 羊蹄甲

拉丁名： *Bauhinia purpurea*

科属： 豆科羊蹄甲属

形态特征： 常绿乔木或直立灌木，高 7 ～ 10 米。花桃红色。荚果带状，扁平，种子近圆形，深褐色。花期 9 ～ 11 月份，果期 2 ～ 3 月份。

生长习性： 遍布于世界热带地区，我国主产于南部和西南部。喜高温、潮湿、多雨气候，有一定的耐旱能力，适宜肥沃、湿润的酸性土壤。

观赏价值及园林用途： 树形优美，花鲜艳美丽，可庭院栽培，常用作风景林，也可作行道树。

28. 巨紫荆

拉丁名： *Cercis gigantea*

科属： 豆科紫荆属

形态特征： 落叶乔木，高达20米。叶心形或近圆形。花淡红或淡紫红色。荚果扁平长条形，初时绿色，成熟时红褐色。花期4月份，果期8～9月份。

生长习性： 喜光、耐热、耐寒、耐旱、怕积水，对土壤要求不严。

观赏价值及园林用途： 花多密集，花果都带紫红色，鲜艳夺目，是优良的观赏花木。适宜于庭院、绿地、公园栽植及作行道树。

29. 加拿大紫荆

拉丁名： *Cercis canadensis*

科属： 豆科紫荆属

形态特征： 落叶小乔木，树高 7 ～ 11 米。叶心形，春夏秋三季亮紫红色。花紫红色，少有白色。荚果扁平长条形，红褐色。花期4～5月份，果期 7 ～ 8 月份。

生长习性： 喜光、耐寒性强、耐瘠薄、怕积水，对土壤要求不严。

观赏价值及园林用途： 叶色紫红，花色艳丽，果实累累，是优良的观叶、观花、观果植物，适宜于公园、小区、庭院栽植观赏。

30. 槐

拉丁名： *Styphnolobium japonicum*

科属： 豆科槐属

形态特征： 乔木，高达25米。当年生枝绿色，无毛。羽状复叶。圆锥花序顶生，花冠白色或淡黄色。荚果串珠状，种子卵球形，淡黄绿色，干后黑褐色。花期7～8月份，果期8～10月份。

生长习性： 喜光，稍耐阴，耐寒，耐旱不耐潮湿，对土壤要求不严。

观赏价值及园林用途： 树冠优美，枝叶茂密，花芳香，适宜于作行道树、遮阴树和蜜源植物。花、荚果、叶可入药。

31. 合欢

拉丁名： *Albizia julibrissin*

科属： 豆科合欢属

形态特征： 落叶乔木，高可达 16 米。树冠开展，头状花序于枝顶排成圆锥花序，花粉红色。荚果带状。花期 6 ～ 7 月份，果期 8 ～ 10 月份。

生长习性： 喜光、喜温暖湿润气候，忌积水。对土壤要求不严。

观赏价值及园林用途： 树冠开阔，叶纤细如羽，花朵鲜红可爱，荚果挂满枝头，十分优美，适宜于作庭荫树、园景树、行道树等。茎皮及花可药用。

32. 皂荚

拉丁名： *Gleditsia sinensis*

科属： 豆科皂荚属

形态特征： 落叶乔木或小乔木，高达 30 米。小叶卵形至卵状长椭圆形。总状花序，花黄白色。荚果带状，弯或直，经冬不落。种子扁平，亮棕色。花期 3 ～ 5 月份，果期 5 ～ 12 月份。

生长习性： 喜光，稍耐阴。喜温暖湿润气候，有一定的耐寒能力。对土壤要求不严。

观赏价值及园林用途： 树冠宽阔，浓荫蔽日，适宜作庭荫树、行道树、“四旁”绿化树种及风景区、丘陵地作造林树种。木材可做家具，果、种子、枝刺均可入药。

33. 黄檀

拉丁名： *Dalbergia hupeana*

科属： 豆科黄檀属

形态特征： 落叶乔木，高达 20 米，胸径 40 厘米，树皮薄条状剥裂。奇数羽状复叶。圆锥花序花冠蝶形、黄白色。荚果扁平、长圆形。花期 5 ～ 6 月份，果期 9 ～ 10 月份。

生长习性： 喜光，耐干旱瘠薄，对土壤要求不严，但忌盐碱。

观赏价值及园林用途： 枝叶繁茂，花香馥郁，果实串串，适宜于作庭荫树、风景树及行道树。材质坚实、美观，是细木工用材。根皮可药用。

34. 木瓜

拉丁名: *Chaenomeles sinensis*

科属：蔷薇科木瓜海棠属

形态特征：落叶灌木或小乔木，高达 5 ～ 10 米，树皮成片状脱落。叶椭圆卵形，先端急尖。花单生于叶腋，淡粉红色。果实长椭圆形，暗黄色，木质，有芳香味。花期 4 月份，果期 9 ～ 10 月份。

生长习性：喜光，喜温暖湿润环境，耐寒，不耐积水，对土壤要求不严。

观赏价值及园林用途：树枝优美，花色烂漫，果实黄色有芳香，病虫害少，是优良的庭院绿化观花、观果树种。木材坚硬，果实可入药。

35. 海棠

拉丁名： *Malus spectabilis*

科属： 蔷薇科苹果属

形态特征： 落叶小乔木，高可达 8 米，树皮灰褐色。叶椭圆形，表面亮绿。花 4 ～ 8 朵簇生，未开时红色，开后渐变，多复瓣，也有单瓣。果近球形，果梗细长，黄色。花期 4 ～ 5 月份，果期 8 ～ 9 月份。

生长习性： 喜阳，对寒冷及干旱适应性强，不耐水涝，喜深厚、肥沃及疏松土壤。

观赏价值及园林用途： 春季满树繁花，秋季果实累累，是我国著名的观赏树种，适宜于美化园林、绿地、街道、厂矿、庭院及风景区。

36. 西府海棠

拉丁名： *Malus* × *micromalus*

科属： 蔷薇科苹果属

形态特征： 落叶小乔木，高达2.5～8米，树枝直立性强。花序近伞形，花梗细长，花白色，初开放时粉红色至红色。果实近球形，红色。花期4～5月份，果期8～9月份。

生长习性： 喜光，耐寒，不耐湿，较耐干旱。

观赏价值及园林用途： 花色艳丽，红色果实鲜美诱人，常用于庭院种植或列植为花篱。果实可以食用及药用。

37. 北美海棠

拉丁名： *Malus* 'American'

科属： 蔷薇科苹果属

形态特征： 落叶小乔木，株高一般5～7米。花白色、粉色、红色。梨果肉质，颜色红、黄或绿色，果实观赏期长，花期4～5月份，果期7月～翌年1月份。

生长习性： 抗性强，耐寒、耐极薄，管理容易。

观赏价值及园林用途： 盆栽、庭院、行道树、风景树等。花色、叶色、果色和枝条色彩丰富，果实观赏期大多在半年以上，极具观赏性。

38. 垂丝海棠

拉丁名： *Malus halliana*

科属： 蔷薇科苹果属

形态特征： 落叶小乔木，小枝淡绿褐色，无毛。叶缘具锯齿。伞形花序，花粉红色，花梗长，下垂。果实梨形或倒卵形，略带紫色，花期3～4月份，果期9～10月份。

生长习性： 喜光，不耐阴，喜温暖湿润环境，不甚耐寒，对土壤要求不严。

观赏价值及园林用途： 树形美观，枝繁叶茂，花朵美丽娇艳，秋末亦可观果，是优良的观花、观果植物。适宜于城市绿化及庭园布置，亦可用于花坛、花境作中心树点缀。

39. 湖北海棠

拉丁名： *Malus hupehensis*

科属： 蔷薇科苹果属

形态特征： 乔木，高达8米。老枝紫色至紫褐色。叶片卵形。伞房花序，花梗长，花粉白色或近白色，果实椭圆形或近球形，黄绿色稍带红晕。花期4～5月份，果期8～9月份。

生长习性： 喜光，耐旱、耐寒，对病虫害抗性较强，适应性较强。

观赏价值及园林用途： 春季花朵粉白可爱，秋季果实累累，十分美丽，适宜于作庭院观赏树种。

40. 苹果

拉丁名：*Malus pumila*

科属：蔷薇科苹果属

形态特征：落叶乔木，高达 15 米。叶椭圆形至卵形。伞房花序，花白色带红晕。果实扁球形，较大，花期 5 月份，果期 7 ～ 10 月份。

生长习性：喜光、喜冷凉和干燥的气候，耐寒，不耐湿热，对土壤要求不严。

观赏价值及园林用途：花朵白润晕红，果实色艳多变，是观赏结合食用的优良树种。适宜于作苹果园或者庭院、居民区、街头绿地栽植观赏。果实可食用。

41. 李

拉丁名： *Prunus salicina*

科属： 蔷薇科李属

形态特征： 落叶乔木，高 9 ～ 12 米。叶长圆倒卵形、长椭圆形。花通常 3 朵并生，白色。核果球形、卵球形或近圆锥形，黄色或红色，有时为绿色或紫色，顶端微尖，基部有纵沟，外被蜡粉。花期 4 月份，果期 7 ～ 8 月份。

生长习性： 喜光，适应性强，对土壤要求不严。

观赏价值及园林用途： 春季繁花满树，夏季果实累累，适宜于作庭院树、行道树等。果实可食用。

42. 紫叶李

拉丁名： *Prunus cerasifera* f. atropurpurea

科属： 蔷薇科李属

形态特征： 落叶灌木或小乔木，高可达 8 米。枝条细长。叶卵圆形，紫红色。花单生或 2 朵簇生，白色。核果扁球形，熟时黄、红或紫色。花叶同放，花期 3 ～ 4 月份，果期 8 月份。

生长习性： 喜光、喜温暖湿润气候，对土壤适应性强。

观赏价值及园林用途： 叶色紫红，开花繁茂，果实累累，是优良的观叶、观花、观果植物，适宜于作行道树及花坛、建筑物四周种植。

43. 稠李

拉丁名： *Padus avium*

科属： 蔷薇科稠李属

形态特征： 落叶乔木，高可达 15 米，树皮灰褐或黑褐色，粗糙多斑纹。叶卵状椭圆形。总状花序，花多朵，白色芳香。核果近球形，红褐色至黑色，光滑。花期 4 ～ 5 月份，果期 5 ～ 10 月份。

生长习性： 喜光，略耐阴。耐寒，喜深厚、肥沃、排水良好的沙壤土。

观赏价值及园林用途： 春季有大型白色花序，夏秋季缀以紫红色或黑色的果实，秋叶黄红色，是优良的观花、观果、观叶植物，适宜于庭院、公园、园林栽植观赏。

44. 山楂

拉丁名： *Crataegus pinnatifida*

科属： 蔷薇科山楂属

形态特征： 落叶小乔木，高达 6 米。叶三角状卵形至菱状卵形，羽状 3 ～ 5 裂。花白色，伞房花序。果近球形或梨形，深红色，有浅色斑点。花期 5 ～ 6 月份，果期 9 ～ 10 月份。

生长习性： 喜光，稍耐阴，耐寒，耐干燥，耐贫瘠，但以在排水良好、湿润的微酸性沙质壤土上生长最好。

观赏价值及园林用途： 树冠整齐，花繁叶茂，果实鲜红可爱，是观花、观果的优良园林绿化树种，适宜于作庭荫树，也可作绿篱栽植。果可食。

45. 樱桃

拉丁名： *Cerasus pseudocerasus*

科属： 蔷薇科樱属

形态特征： 落叶乔木，高2～6米。叶卵形。花3～6朵成伞房状或近伞形花序，白色。核果近球形，红色。花期3～4月份，果期5～6月份。

生长习性： 喜光，耐寒，耐旱。对土壤要求不严，萌蘖性强，生长迅速。

观赏价值及园林用途： 花似云霞，果若珊瑚，适宜于路旁、草坪、林缘、庭院种植观赏。果实可食用。

46. 桃

拉丁名： *Amygdalus persica*

科属： 蔷薇科桃属

形态特征： 落叶乔木，高 3 ～ 8 米。小枝红褐色或褐绿色。叶椭圆状披针形。花单生，先叶开放，粉红色。果卵球形，熟时橙黄色，表面密生绒毛，肉质多汁。花期 3 ～ 4 月份，果熟期 8 ～ 9 月份。

生长习性： 喜光，耐干旱、较耐寒、不耐阴，对土壤要求不严。

观赏价值及园林用途： 品种繁多，花色丰富，果实形态色泽多变，是园林中重要的观花、观果植物。适宜于山坡、池畔、草坪、林缘栽植，营造桃红柳绿的春景。果实可食用。

47. 榆叶梅

拉丁名: *Amygdalus triloba*

科属: 蔷薇科桃属

形态特征: 落叶小乔木，多呈灌木状，枝条开展，树皮灰褐色。叶宽椭圆形具粗重锯齿。花单生，粉红色，核果球形，红色。花期4～5月份，果期5～7月份。

生长习性: 喜光，耐寒，耐旱，不耐水涝。对土壤的要求不高，抗病性强。

观赏价值及园林用途: 花繁色艳，十分绚丽，适宜于庭院、路边栽植观赏。种仁可入药。

48. 紫叶桃

拉丁名： *Amygdalus persica* ‘Zi Ye Tao’

科属： 蔷薇科桃属

形态特征： 落叶乔木，高 3 ～ 8 米。叶紫红色。花重瓣，桃红色。核果球形，果皮有短茸毛，内有蜜汁，花期 4 ～ 5 月份，果期 6 ～ 8 月份。

生长习性： 喜温暖向阳环境，不耐水湿，喜肥沃排水良好土壤。

观赏价值及园林用途： 花果美丽，叶色紫红，是优良的观花、观叶、观果植物，适宜于庭院、公园等栽植观赏。

49. 杏

拉丁名：*Armeniaca vulgaris*

科属：蔷薇科杏属

形态特征：落叶乔木，高达 15 米。树冠开阔，圆球形或扁球形。叶广卵形。花单生，白色至淡粉红色，花萼紫红色。果实近球形，黄色或带红晕，有细柔毛，果核平滑。花期 3 ～ 4 月份，果期 6 ～ 7 月份。

生长习性：喜光，耐寒，亦耐高温。喜干燥气候，忌水湿，对土壤要求不严。

观赏价值及园林用途：杏花粉红宛若烟霞，是我国北方主要的早春花木，适宜于群植或片植于山坡或水畔。果可食用，种仁可入药。

50. 梅

拉丁名：*Armeniaca mume*

科属：蔷薇科杏属

形态特征：落叶小乔木，高达10米。树皮浅灰色，小枝绿色。叶片卵形或椭圆形，先端尾尖。花单生或两朵簇生，有红、粉、白、淡绿等色，单瓣或重瓣，芳香。核果球形，黄色或绿白色。花期冬春季，果期5～6月份。

生长习性：喜光、喜温暖湿润气候，较耐干旱，不耐涝，对土壤要求不严。

观赏价值及园林用途：花色丰富，品种繁多，是传统的观花植物，适宜于庭院、公园栽植。果实可食，花、叶、根和种仁均可入药。

51. 枇杷

拉丁名：*Eriobotrya japonica*

科属：蔷薇科枇杷属

形态特征：常绿小乔木，高可达10米。叶片革质，长椭圆形。花白色，芳香。果近球形或长圆形，黄色或橘黄色，外有锈色柔毛，花期10～12月份，果期5～6月份。

生长习性：喜光，稍耐阴，不耐严寒，喜温暖湿润气候，喜排水良好土壤。

观赏价值及园林用途：叶大荫浓，初夏果实累累，金黄灿烂，适宜于园林、公园、庭园作为景观植物。果可食用，果、叶可供药用。是良好的木材。

52. 厚叶石斑木

拉丁名: *Rhaphiolepis umbellata*

科属: 蔷薇科石斑木属

形态特征: 常绿灌木或小乔木，高 2 ～ 4 米，枝条粗壮极叉开。叶片厚革质，长椭圆形。圆锥花序顶生，直立，花瓣白色，倒卵形。果实球形，黑紫色带白霜。花期 3 ～ 4 月份，果期 8 ～ 9 月份。

生长习性: 我国产于浙江，日本广泛分布。喜温暖湿润环境，不耐寒。

观赏价值及园林用途: 四季常绿，树形似伞，花朵美丽，果实黑紫，是优良的园林观赏植物。适宜于庭院、公园绿地、居住小区栽植观赏。也可制作盆景。

53. 水榆花楸

拉丁名: *Sorbus alnifolia*

科属: 蔷薇科花楸属

形态特征: 落叶乔木，高达 20 米。叶卵形至椭圆卵形。复伞房花序，花白色。果实椭圆形或卵形，红色或黄色，花期 5 月份，果期 8 ～ 9 月份。

生长习性: 喜光，稍耐阴，耐寒，适应性强，对土壤要求不严。

观赏价值及园林用途: 树形美观，秋叶红艳，果实红黄相间，适宜于公园、庭院作风景树栽植。果实可食用及入药，种子、茎、皮可入药。

54. 陕甘花楸

拉丁名： *Sorbus koehneana*

科属： 蔷薇科花楸属

形态特征： 落叶灌木或小乔木，高达5米。奇数羽状复叶。复伞房花序，花多白色。果球形，白色。花期6月份，果期9月份。

生长习性： 喜温暖气候及湿润肥沃土壤。

观赏价值及园林用途： 枝叶秀丽，秋季结白色果实挂满枝头，极具观赏性。适宜于庭院、园林栽植观赏。

55. 石灰花楸

拉丁名： *Sorbus folgneri*

科属： 蔷薇科花楸属

形态特征： 乔木，高达10米，枝条开展。叶卵形或椭圆状卵形。花白色，复伞房花序。果椭圆形，红色。花期4～5月份，果期7～8月份。

生长习性： 耐寒耐阴，喜湿润肥沃土壤。

观赏价值及园林用途： 树姿优美，春季白色花朵繁茂，秋季红果累累，十分美丽。适宜于公园、庭院、园林栽培观赏。木材可做家具。枝条可药用。

56. 石楠

拉丁名: *Photinia serratifolia*

科属: 蔷薇科石楠属

形态特征: 常绿灌木或小乔木，高 4 ～ 6 米。复伞房花序顶生，花白色。果实球形，红色，后成褐紫色。花期 4 ～ 5 月份，果期 10 月份。

生长习性: 喜光稍耐阴，喜温暖湿润气候，较耐寒，对土壤要求不严。

观赏价值及园林用途: 叶丛浓密，嫩叶鲜红，花白色，冬季果实红色鲜艳，是常见的园林绿化树种，可丛植、群植及作绿篱栽植。

57. 椤木石楠

拉丁名： *Photinia davidsoniae*

科属： 蔷薇科石楠属

形态特征： 常绿乔木，高 6 ～ 15 米。幼枝黄红色，后成紫褐色。复伞形花序花多而密，花白色。果实球形或卵形，黄红色。花期 5 月份，果期 9 ～ 10 月份。

生长习性： 喜光、也耐阴，喜温暖湿润环境，耐寒、耐旱，不耐水湿。

观赏价值及园林用途： 叶片常绿，初夏白花点点，秋末赤果累累，叶、花、果均可观赏，是优良的园林绿化树种。

58. 沙枣树

拉丁名： *Elaeagnus angustifolia*

科属： 胡颓子科胡颓子属

形态特征： 落叶乔木或小乔木，高 5 ～ 10 米。有时有刺，叶薄纸质。花银白色，芳香。果实椭圆形，熟时粉红色，密被银白色鳞片。花期 5 ～ 6 月份，果期 9 月份。

生长习性： 喜光，耐寒，耐旱，抗风沙，耐盐碱，耐贫瘠，适应性强，对土壤要求不严格。

观赏价值及园林用途： 根蘖性强，适应性强，秋季红果满树，是西北沙土荒地盐碱地区及城镇绿化的主要树种，常用作行道树。果实可食用及入药。

59. 枣

拉丁名： *Ziziphus jujuba*

科属： 鼠李科枣属

形态特征： 落叶小乔木，高达 10 余米。枝条呈“之”字形曲折。叶长椭圆状卵形。花小，黄绿色，8 ～ 9 朵簇生于叶腋呈聚伞花序。核果长椭圆形，暗红色。花期 5 ～ 7 月份，果期 8 ～ 9 月份。

生长习性： 喜光，耐寒，耐热，耐旱。对土壤适应性强。

观赏价值及园林用途： 枝干苍劲挺拔，春季绿叶繁茂，秋季红果累累，适宜于庭院、路旁栽植。果实味甜可食用，枣仁和根均可入药。枣树花期较长，芳香多蜜，为良好的蜜源植物。

60.枳椇（拐枣）

拉丁名： *Hovenia acerba*

科属： 鼠李科枳椇

形态特征： 落叶乔木，树高 10 米，小枝褐色。叶互生，广卵形。聚伞花序，花绿色。果实灰褐色，果柄肉质肥大，红褐色，种子扁圆，红褐色。花期 6 月份，果成熟期 10 月份。

生长习性： 喜光，稍耐寒，对土壤要求不严。

观赏价值及园林用途： 树形优美，叶色浓绿，果柄奇特，是理想的园林绿化树种。果可食用及酿酒。

61. 榆树

拉丁名： *Ulmus pumila*

科属： 榆科榆属

形态特征： 落叶乔木，高达 25 米，树皮灰黑色。叶椭圆状卵形，先端尖。花紫褐色，簇生于一年生枝上。翅果近圆形或倒卵形，先端有缺裂，初淡绿色，后白黄色。种子位于翅果中央，花果期 3 ～ 6 月份。

生长习性： 喜光，耐寒，耐旱，不耐水湿，适应性强，对土壤要求不严。

观赏价值及园林用途： 植株高大，树干通直，枝叶繁茂，果实似钱币，适应性强，适宜于作行道树、绿化防护林及庭荫树。木材可做家具，枝皮可做人造棉及造纸原料，嫩果可食用，是优良的经济树种。

62. 榔榆

拉丁名： *Ulmus parvifolia*

科属： 榆科榆属

形态特征： 落叶乔木，高达 25 米。树皮灰褐色，呈不规则片状剥落，内皮红褐色。叶厚而硬，椭圆形。花簇生于叶腋。翅果长椭圆形或卵形。花果期 8 ～ 10 月份。

生长习性： 喜光，耐旱，喜温暖湿润气候，耐贫瘠，适应性强，对土壤要求不严。

观赏价值及园林用途： 树形优美，树皮斑驳雅致，秋叶变红，适宜于作为公园、庭院观赏树及工厂、四旁绿化树种。木材可做家具等，茎叶可药用。

63. 朴树

拉丁名： *Celtis sinensis*

科属： 大麻科朴属

形态特征： 落叶乔木，高达 20 米。树皮灰褐色，枝条平展。叶广卵形或椭圆形，花 1 ～ 3 朵生于当年生枝叶腋。核果近球形，熟时橙红色，花期 3 ～ 4 月份，果期 9 ～ 10 月份。

生长习性： 喜光，稍耐阴，耐水湿，耐寒性较强。对土壤的要求不严。

观赏价值及园林用途： 绿荫浓郁，树冠宽广，是城乡绿化的重要树种。可作庭荫树、行道树、防风护堤树种，也可制作盆景。

64. 珊瑚朴

拉丁名： *Celtis julianae*

科属： 大麻科朴属

形态特征： 落叶乔木，高达30米，树冠圆球形。叶厚纸质，宽卵形至尖卵状椭圆形。花序红褐色，状如珊瑚。核果椭圆形，金黄色至橙黄色。花期3～4月份，果期9～10月份。

生长习性： 喜光，略耐阴。适应性强，耐寒，耐旱，耐水湿和瘠薄，对土壤要求不严。

观赏价值及园林用途： 植株高大，枝叶繁茂，红花红果，适宜于作观赏树、庭荫树、行道树及工厂绿化、四旁绿化树种。

65. 桑

拉丁名： *Morus alba*

科属： 桑科桑属

形态特征： 落叶乔木或为灌木，高 3 ～ 10 米或更高。叶卵形或宽卵形，花淡绿色，聚花果（桑椹）卵状椭圆形，紫黑色、淡红或白色，多汁味甜。花期 4 ～ 5 月份，果期 5 ～ 8 月份。

生长习性： 喜光，耐寒，耐旱，不耐湿，适应性强，对土壤要求不严。

观赏价值及园林用途： 树冠宽阔，枝叶茂密，秋叶金黄，果实酸甜可口，适宜于城市、工矿区及农村四旁绿化。桑叶可养蚕及药用，树皮可作纺织原料，果实可食用及酿酒，也是优良的经济树种。

66. 构树

拉丁名: *Broussonetia papyrifera*

科属: 桑科构属

形态特征: 落叶乔木，高达16米，枝条粗壮开展。叶阔卵形互生。雄花序为柔荑花序，雌花序球形头状，聚花果肉质，橙红色。花期4～5月份，果期6～7月份。

生长习性: 喜光，稍耐阴，耐旱，耐贫瘠，适应性极强，对土壤要求不严。

观赏价值及园林用途: 枝叶茂密，适应性强，可作庭荫树及防护林树种，是工矿区绿化的优良树种。韧皮纤维可作造纸材料，果实、根、皮可供药用。

67. 菠萝蜜

拉丁名： *Artocarpus macrocarpon*

科属： 桑科菠萝蜜属

形态特征： 常绿乔木，高 10 ～ 20 米，老树常有板状根。叶大、革质，椭圆形。花雌雄同株，聚花果椭圆形至球形，硕大，幼时浅黄色，成熟时黄褐色，表面有坚硬六角形瘤状凸体和粗毛，花期 2 ～ 3 月份。

生长习性： 我国广东、海南、广西、云南（南部）常有栽培。喜光，幼时稍耐阴，喜热带气候，不耐霜冻，喜肥沃深厚土壤，忌积水。

观赏价值及园林用途： 树形整齐，冠大荫浓，果实奇特，是优美的行道树和庭荫树。果实香甜可食。

68. 柘

拉丁名： *Maclura tricuspidata*

科属： 桑科橙桑属

形态特征： 落叶灌木或小乔木，高1～7米。单叶互生，近革质，卵圆形或倒卵形。头状花序球形。聚花果近球形，肉质，成熟时橘红色。花期5～6月份，果期6～7月份。

生长习性： 喜光亦耐阴。耐寒，耐干旱贫瘠，适生性很强。

观赏价值及园林用途： 叶秀果丽，适应性强，可在公园的边角、背阴处、街头绿地作庭荫树或绿篱。植株用途广泛，木材可做家具，茎皮可造纸，根皮可入药，果可食用和酿酒。

69. 栗

拉丁名： *Castanea mollissima*

科属： 壳斗科栗属

形态特征： 落叶乔木，高可达 20 米，树皮灰褐色，不规则深纵裂。叶椭圆至长圆形，叶缘有锯齿。花单性，雌雄同株。壳斗大，球形，壳斗壳有锐刺，坚果 2 ～ 3 个，生于壳斗中，坚果紫褐色，被黄褐色茸毛，或近光滑，果肉淡黄。花期 4 ～ 6 月份，果期 8 ～ 10 月份。

生长习性： 喜光，对土壤要求不严，喜肥沃温润、排水良好的沙质壤土，对有害气体抗性强。

观赏价值及园林用途： 枝叶繁茂，果实累累，常作风景树栽植。果肉可食用，是优良的坚果。

70. 柯（石栎）

拉丁名： *Lithocarpus glaber*

科属： 壳斗科柯属

形态特征： 乔木，高达 15 米。叶革质或厚纸质，倒卵形或长椭圆形。坚果椭圆形，顶端尖，暗栗褐色。花期 9 ～ 11 月份，次年同期果实成熟。

生长习性： 产于秦岭南坡以南各地，但北回归线以南极少见，海南和云南南部不产，日本南部也有。喜温暖湿润气候，喜肥沃土壤。

观赏价值及园林用途： 是中国南亚地区优良的家具、农具用材林及水土保持树种。

71. 杨梅

拉丁名： *Myrica rubra*

科属： 杨梅科杨梅属

形态特征： 常绿乔木，高可达15米以上，树冠圆球形。叶革质，深绿色。花粉红色。核果球状，成熟时深红色或紫红色。4月份开花，6～7月份果实成熟。

生长习性： 产于江苏、浙江、台湾、福建、江西、湖南、贵州、四川、云南、广西和广东。中性树，稍耐阴。喜温暖、湿润环境，不甚耐寒。喜酸性或微酸性沙质土壤。

观赏价值及园林用途： 枝繁叶茂，初夏红果累累，十分可爱，适宜于庭院、草坪、道路及小区绿化。杨梅是我国江南的著名水果，果实可食用。树皮富含单宁，可用作赤褐色染料及医药上的收敛剂。

72. 胡桃（核桃）

拉丁名： *Juglans regia*

科属： 胡桃科胡桃属

形态特征： 落叶乔木，高达 20 ～ 25 米。树冠广阔，奇数羽状复叶，小叶椭圆状卵形或椭圆形。雄花呈柔荑花序，雌花呈穗状花序。果实近于球状，绿色。花期 5 月份，果期 10 月份。

生长习性： 我国平原和丘陵地区常见栽培。喜光，喜温凉气候，不耐湿热，不耐干旱瘠薄，喜深厚、肥沃湿润的沙质土壤。

观赏价值及园林用途： 树冠开展，叶大荫浓，秋叶金黄，硕果累累，是优良的园林结合生产树种。适宜于作庭荫树及行道树。果实可食用及榨油，木材是优良的硬木材料。

73. 山核桃

拉丁名： *Carya cathayensis*

科属： 胡桃科山核桃属

形态特征： 落叶乔木，高达 10 ～ 20 米，树皮平滑，灰白色。叶披针形。雄性柔荑花序下垂，雌性穗状花序直立。果实倒卵形，外果皮干燥后革质，开裂成 4 瓣，果核卵圆形，花期 4 ～ 5 月份，果熟期 9 月份。

生长习性： 产于我国浙江和安徽，喜温暖湿润环境，较耐寒，喜深厚肥沃排水良好土壤。

观赏价值及园林用途： 树干端直，根系发达，秋季硕果累累，适宜于作庭荫树、行道树。果仁味美可食，也可榨油，果壳可制活性炭，木材坚韧，为优质用材。

74. 美国薄壳山核桃

拉丁名： *Carya illinoinensis*

科属： 胡桃科山核桃属

形态特征： 落叶大乔木，高可达50米，树皮粗糙，纵裂。奇数羽状复叶，小叶卵状披针形，雄性柔荑花序下垂，雌性穗状花序直立。果实长椭圆形，内果皮薄，灰褐色。花期5月份，果熟期9～11月份。

生长习性： 喜光，喜温暖湿润气候，较耐寒，喜疏松排水良好、肥沃深厚土壤。

观赏价值及园林用途： 树体高大雄伟，枝叶茂密，树姿优美，在园林中是优良的上层骨干树种。适宜于作遮阴树和行道树，也可用于绿化造林。种仁味美可食，是著名干果。

75. 青钱柳（金钱柳）

拉丁名： *Cyclocarya paliurus*

科属： 胡桃科青钱柳属

形态特征： 落叶乔木，树高 10 ～ 30 米，树皮灰色，枝条黑褐色。柔荑花序。果序轴长 25 ～ 30 厘米，果实有革质水平圆盘状翅，花期 4 ～ 5 月份，果期 7 ～ 9 月份。

生长习性： 喜光，耐旱，萌芽力强，生长中速，喜深厚、湿润土质。

观赏价值及园林用途： 树姿优美，高大壮丽，果似铜钱，随风摇曳，是优良观赏绿化树种及造林树种。

76. 化香树

拉丁名： *Platycarya strobilacea*

科属： 胡桃科化香树属

形态特征： 落叶乔木，一般高 2 ～ 6 米，树皮灰色，浅纵裂。小叶纸质，奇数羽状复叶，具 7 ～ 23 小叶，卵状长椭圆状披针形或卵状披针形。穗状花序。果序球果状，卵状椭圆形，小坚果背腹压扁状，两侧具狭翅。5 ～ 6 月份开花，7 ～ 8 月份果成熟。

生长习性： 喜光，耐干旱瘠薄，适应性强，对土壤要求不严。

观赏价值及园林用途： 枝叶茂密，树姿优美，可作为风景树大片造林，亦可作庭荫树，也常作荒山绿化树种。

77. 枫杨

拉丁名： *Pterocarya stenoptera*

科属： 胡桃科枫杨属

形态特征： 高大乔木，高达 30 米，羽状复叶。柔荑花序。果序下垂，坚果近球形，具 2 长圆状果翅。花期 4 ～ 5 月份，果熟期 8 ～ 9 月份。

生长习性： 喜光，喜温暖湿润气候，较耐寒，耐湿性强但忌积水，对土壤要求不严。

观赏价值及园林用途： 植株高达，树冠广展，枝叶繁茂，适宜于作遮阴树及行道树，也常作护堤及防风树种。树皮树叶可入药。

78. 木麻黄

拉丁名： *Casuarina equisetifolia*

科属： 木麻黄科木麻黄属

形态特征： 常绿乔木，高可达40米，树干通直。花雌雄同株或异株。雄花序棒状圆柱形，具覆瓦状排列，被白色柔毛小苞片，小苞片具缘毛；花被片2；花药两端凹入；雌花序常顶生。球果状果序椭圆形，两端近平截或钝；小苞片木质化，宽卵形，背部无棱脊，小坚果连翅，长4～7毫米，宽2～3毫米。4～5月份开花，7～10月份结果。

生长习性： 原产于澳大利亚和太平洋岛屿，我国广西、广东、福建、台湾沿海地区普遍栽植，已渐驯化。喜炎热气候，生长迅速，对土壤要求不高，耐干旱，抗风沙，耐盐碱。

观赏价值及园林用途： 是华南沿海地区造林优良树种。木材坚韧，可制农具、家具日用小器具等。种子含油，可供食用或工业用。

79.鹅耳枥

拉丁名: *Carpinus turczaninowii*

科属: 桦木科鹅耳枥属

形态特征: 落叶乔木，高 5 ～ 10 米。单叶互生，卵形。柔荑花序。小坚果宽卵形，果序下垂，花期 4 ～ 5 月份，果期 8 ～ 9 月份。

生长习性: 产于辽宁南部、山西、河北、河南、山东、陕西、甘肃，喜光，稍耐阴，耐寒，适应性强。

观赏价值及园林用途: 枝叶茂密，叶形秀丽，果序下垂，十分美观，新枝柔软，适宜作盆景，也适宜于庭园观赏种植。

80. 白杜（丝棉木）

拉丁名： *Euonymus maackii*

科属： 卫矛科卫矛属

形态特征： 落叶小乔木，高达6米。树皮灰褐色。叶卵状椭圆形。聚伞花序腋生，花淡绿色。蒴果倒圆心状，4裂，成熟后果皮粉红色，种子长椭圆状，假种皮橙红色。花期5～6月份，果期9～10月份。

生长习性： 产地广阔，但长江以南常以栽培为主。喜光，稍耐阴，耐寒，耐干旱，适应性强，对土壤要求不严。

观赏价值及园林用途： 枝叶秀丽，秋季粉红色的蒴果挂满枝头，开裂后露出橘红色的假种皮，引人注目，叶片经霜变红，极具观赏价值，适宜于庭院、公园、绿地栽植。木材可作雕刻用材。

81. 猴欢喜

拉丁名： *Sloanea sinensis*

科属： 杜英科猴欢喜属

形态特征： 常绿乔木。枝开展，叶聚生小枝上部，椭圆状倒卵形。花绿白色，下垂。蒴果木质，卵形，5～6瓣裂，熟时红色，种子黑色。花期9～11月份，果翌年6～7月份成熟。

生长习性： 喜阳，喜温暖湿润气候，不耐寒，在深厚、肥沃、排水良好的酸性或偏酸性土壤上生长良好。

观赏价值及园林用途： 树冠浓绿，果实色艳形美，适宜于作庭园观赏树。

82. 山桐子

拉丁名： *Idesia polycarpa*

科属： 杨柳科山桐子属

形态特征： 落叶灌木或小乔木，高 8 ～ 21 米，老枝灰色，嫩枝绿色。叶宽卵形或卵状心形。圆锥花序下垂，花黄绿色，有芳香。浆果球形，紫红色。花期 4 ～ 5 月份，果期 10 ～ 11 月份。

生长习性： 喜光，不耐阴。喜深厚、潮润、肥沃、疏松的土壤。

观赏价值及园林用途： 树形优美，花朵芳香，有蜜腺，为养蜂业的蜜源资源植物。果实长序、朱红，形似珍珠，适宜于庭院、园林景观绿化。种子可榨油。

83. 乌桕

拉丁名： *Triadica sebifera*

科属： 大戟科乌桕属

形态特征： 乔木，高可达 15 米。叶纸质，菱形，先端尾状。总状花序，花小，黄绿色。蒴果梨状球形，成熟时黑色，种子扁球形，黑色，外被白蜡。花期 4 ～ 8 月份，果期 10 ～ 11 月份。

生长习性： 喜光，不耐阴，喜温暖湿润环境，对土壤适应性较强。

观赏价值及园林用途： 树冠整齐，叶形秀丽，秋叶鲜红或橙黄，冬季白色的乌桕子挂满枝头，经冬不凋，是优良的观叶、观果植物，适宜于庭院、堤岸、公园种植及作行道树。根茎皮可入药。

84. 油桐

拉丁名: *Vernicia fordii*

科属: 大戟科油桐属

形态特征: 落叶乔木，高 10 米，树皮灰色。花白色。核果近球形，较大，果皮光滑。花期 3 ～ 4 月份，果期 8 ～ 9 月份。

生长习性: 喜光，喜温暖湿润气候，不耐严寒，喜土层深厚、肥沃土壤。

观赏价值及园林用途: 是中国著名的木本油用树种，可生产桐油。果实较大，也可用于观赏。

85. 秋枫

拉丁名： *Bischofia javanica*

科属： 叶下珠科秋枫属

形态特征： 常绿或半常绿大乔木，高达 40 米。花小，多朵组成圆锥花序。果实浆果状，圆球形，淡褐色，种子长圆形，花期 4 ～ 5 月份，果期 8 ～ 10 月份。

生长习性： 喜光，稍耐阴，喜温暖湿润气候，不耐寒，对土壤要求不严，根系发达，抗风能力强。

观赏价值及园林用途： 枝叶繁茂，树姿壮观，适宜于庭院、行道树种植，也可栽植于草坪、湖畔、堤岸边。果实可酿酒。

86. 石榴

拉丁名： *Punica granatum*

科属： 千屈菜科石榴属

形态特征： 落叶灌木或乔木，热带常绿，高 3 ～ 5 米。花大，红色、黄色或白色。浆果近球形，淡黄褐色，种子红色至乳白色。花期 5 ～ 6 月份，榴花似火，果期 9 ～ 10 月份。

生长习性： 喜温暖向阳的环境，耐旱，也耐瘠薄，不耐积水和荫蔽，对土壤要求不严。

观赏价值及园林用途： 枝叶繁茂，红花似火，果实累累，鲜艳夺目，是叶、花、果兼优的庭园树，宜在阶前、庭前、亭旁、墙隅等处种植。

87. 番石榴

拉丁名: *Psidium guajava*

科属: 桃金娘科番石榴属

形态特征: 常绿乔木，高达 13 米。树皮平滑。叶革质，长圆形至椭圆形。花白色，花蕊红色。浆果球形或梨形，肉质。花期春季，果 9 ～ 10 月份成熟。

生长习性: 喜热带气候，不耐寒，适应性强，对土壤要求不严。

观赏价值及园林用途: 四季常绿，果实累累，是热带常见水果，适宜于庭院种植。叶可入药。

88. 洋蒲桃（莲雾）

拉丁名： *Syzygium samarangense*

科属： 桃金娘科蒲桃属

形态特征： 乔木，高 12 米。花色洁白，花瓣退化，花蕊如丝呈放射状。果实钟形或梨形，洋红色，表皮发亮如蜡，花期 3 ～ 4 月份，果实 5 ～ 6 月份成熟。

生长习性： 适应性强，喜温暖，不耐寒，对土壤要求不严。

观赏价值及园林用途： 果实是热带常见的水果。树形优美，枝叶繁茂，果实鲜艳，也常用作小区及道路绿化。

89. 赤楠

拉丁名： *Syzygium buxifolium*

科属： 桃金娘科蒲桃属

形态特征： 常绿灌木或小乔木。聚伞花序。果实球形，红色，成熟时黑色。花期 6 ～ 8 月份。果期 9 ～ 11 月份。

生长习性： 对光照适应性强，较耐阴，喜温暖湿润气候，耐寒能力较差。

观赏价值及园林用途： 耐修剪，果实鲜艳，适宜于庭院、草坪林缘观赏栽植，也可作绿篱或盆景栽植。果实可以食用或酿酒。

90. 野鸭椿

拉丁名： *Euscaphis japonica*

科属： 省沽油科野鸦椿属

形态特征： 落叶小乔木或灌木，高2～8米，小枝红紫色。圆锥花序顶生，花多密集，黄白色。蓇葖果紫红色，种子近圆形，假种皮肉质，黑色，有光泽。花期5～6月份，果期8～9月份。

生长习性： 幼苗耐阴，耐湿润，大树偏阳喜光，耐瘠薄干燥，耐寒性较强，忌水涝。

观赏价值及园林用途： 花色鲜艳，花香浓郁，秋天果荚开裂，红色的内果皮上挂着黑珍珠般的种子，十分艳丽，极具观赏价值，适宜于庭院、公园、草坪绿地栽植造景。

91.膀胱果

拉丁名：*Staphylea holocarpa*

科属：省沽油科省沽油属

形态特征：灌木或小乔木植物。幼枝平滑，三小叶，小叶近革质。伞房花序，花白色或粉红色。蒴果梨形或椭圆形，“膀胱”状。种子淡灰褐色，可榨油。花期4～5月份，果期8～9月份。

生长习性：不耐高温，喜凉爽潮湿环境。

观赏价值及园林用途：树形优美，花朵娇艳，果实奇特，是优良的观叶、观花、观果园林观赏树种。

92. 南酸枣

拉丁名: *Choerospondias axillaris*

科属: 漆树科南酸枣属

形态特征: 落叶乔木，高 8 ～ 20 米，树干端直，树皮褐色片状剥落。奇数羽状复叶互生，小叶卵状披针形。花淡紫红色。核果椭圆形，成熟时黄色。花期 4 ～ 5 月份，果熟 10 月份。

生长习性: 喜光，略耐阴，喜温暖湿润气候，不耐寒，喜肥沃深厚且排水良好的酸性或中性土壤。

观赏价值及园林用途: 主干通直，枝叶繁茂，花叶果俱美，适宜于作庭荫树和行道树。树皮、根、果可入药。

93. 杧果

拉丁名： *Mangifera indica*

科属： 漆树科杧果属

形态特征： 常绿大乔木，高 10 ～ 20 米。叶薄革质。花小，黄色或淡黄色，芳香。核果大，肾形，熟时黄色，芳香味甜。花期 2 ～ 4 月份，果熟期 5 ～ 9 月份。

生长习性： 喜光，幼苗喜阴，喜温暖，耐高温，不耐寒，对土壤要求不严。

观赏价值及园林用途： 树冠端正，嫩叶红紫，老叶绿色浓郁，硕果累累，是著名的果树，有热带“果王”之美称。适宜于作庭荫树，也可作行道树、公路树。

94. 盐肤木

拉丁名： *Rhus chinensis*

科属： 漆树科盐肤木属

形态特征： 落叶小乔木或乔木，高 2 ～ 10 米。树皮灰黑色。奇数羽状复叶，圆锥花序顶生，花小，白色。核果扁果形，熟时橙红色至红色。花期 6 ～ 9 月份，果期 9 ～ 11 月份。

生长习性： 喜光、喜温暖湿润气候。适应性强，耐寒，对土壤要求不严。

观赏价值及园林用途： 秋叶及果实红艳，十分美丽，可作为彩叶树种及观果树种，适宜于城市园林绿化种植。根、叶、花、果均可供药用。

95. 火炬树

拉丁名： *Rhus typhina*

科属： 漆树科盐肤木属

形态特征： 落叶小乔木，高达 12 米。奇数羽状复叶，小叶长椭圆状至披针形。圆锥花序顶生，花淡绿色。核果深红色，密集呈火炬形。花期 6 ～ 7 月份，果期 8 ～ 9 月份。

生长习性： 喜光，耐寒，耐旱，耐湿，耐盐碱瘠薄，对土壤适应性强。

观赏价值及园林用途： 果穗红艳似火炬，秋叶鲜红，是优良的秋景树种。适宜于荒山绿化兼作盐碱荒地风景林树种，还可作防火树种。

96. 黄连木

拉丁名： *Pistacia chinensis*

科属： 漆树科黄连木属

形态特征： 落叶乔木，高达25～30米，树干扭曲。树皮鳞片状剥落，圆锥花序，雄花序淡绿色，雌花序紫红色。核果倒卵状球形，成熟时紫红色。花期3～4月份，果期9～11月份。

生长习性： 喜光，幼时稍耐阴，喜温暖气候，耐干旱瘠薄，对土壤要求不严。

观赏价值及园林用途： 枝叶繁茂秀丽，嫩叶红色，秋叶深红或橙黄色，花果也极具观赏价值，适宜于作庭荫树、行道树、观赏风景树及“四旁”绿化造林树种。

97. 无患子

拉丁名： *Sapindus saponaria*

科属： 无患子科无患子属

形态特征： 落叶大乔木，高达 25 米。枝条开展，双数羽状复叶，小叶广披针形或椭圆形。圆锥花序，花小，淡绿色。核果球形，熟时黄色或棕黄色。种子球形，黑色。花期 6 ～ 7 月份，果期 9 ～ 10 月份。

生长习性： 喜光，稍耐阴，耐寒能力较强，对二氧化硫抗性较强，不择土壤。

观赏价值及园林用途： 树冠开展，枝叶稠密，果实串串，秋叶金黄，十分美观，是优良的庭荫树和行道树。根和果可入药，果皮含有皂素，可代肥皂。

98. 龙眼

拉丁名： *Dimocarpus longan*

科属： 无患子科龙眼属

形态特征： 常绿乔木，高约10米。花序大，多分枝，花瓣乳白色。果实近球形，黄褐色或灰黄色，种子茶褐色光亮。花期春夏间，果期夏季。

生长习性： 喜光，喜温暖湿润气候，能忍受短期的低温和霜冻，对土壤适应性强。

观赏价值及园林用途： 是南方常见果树之一，可用于庭院种植。果实可食用。

99. 文冠果

拉丁名： *Xanthoceras sorbifolium*

科属： 无患子科文冠果属

形态特征： 落叶灌木或小乔木，高 2 ～ 5 米。奇数羽状复叶互生，小叶长椭圆形至披针形。圆锥花序顶生，花白色，花瓣基部紫红色或黄色，有清晰的脉纹。蒴果大，种子黑色而有光泽。花期春季，果期秋初。

生长习性： 喜光，耐半阴，耐寒，耐旱，对土壤适应性强。

观赏价值及园林用途： 树姿秀丽，花序大，花朵稠密，花期长，色彩丰富，甚为美观。适宜于公园、庭园、绿地孤植或群植。种子可食。

100. 黄山栾树

拉丁名： *Koelreuteria bipinnata* 'integrifoliola'

科属： 无患子科栾树属

形态特征： 落叶大乔木，株高 15 ～ 20 米，树冠广卵形。叶平展，二回奇数羽状复叶。大型圆锥花序，花金黄色。蒴果，椭圆形，淡紫红色，由膜状果皮结合而成灯笼状，秋季果皮呈红色。花期 7 ～ 9 月份，果期 8 ～ 10 月份。

生长习性： 喜光，喜欢温暖湿润气候，抗烟尘，适应性强。

观赏价值及园林用途： 树形高大优美，夏末花开满树金黄，秋季蒴果形似串串灯笼，极具观赏价值，适宜于作庭荫树、行道树及园景树，也可用作防护绿化树种。根可入药，木材可做家具。

101. 七叶树

拉丁名： *Aesculus chinensis*

科属： 无患子科七叶树属

形态特征： 落叶乔木，高达 25 米，树冠大。掌状复叶。圆锥花序圆筒形，花小，白色。果实近球形，黄褐色。花期 4 ～ 5 月份，果期 10 月份。

生长习性： 喜光，亦耐半阴，喜温暖湿润气候，不耐严寒，喜肥沃深厚土壤。

观赏价值及园林用途： 冠大浓密，初夏满树繁花，秋季果实累累，极具观赏价值，适宜于作行道树、庭园树及景观树。种子可药用，榨油可制肥皂，木材细密可制造各种器具。

102. 革叶槭（樟叶槭）

拉丁名： *Acer coriaceifolium*

科属： 无患子科槭属

形态特征： 常绿乔木，高 10 ～ 20 米。树皮粗糙。伞房状花序，花淡黄色。翅果淡黄褐色，小坚果突起。花期 3 月份，果期 7 ～ 9 月份。

生长习性： 耐半阴，喜温暖湿润气候，不耐寒。

观赏价值及园林用途： 四季常绿，枝叶密集，树荫浓密，遮阳效果良好，是优良的庭园树和行道树种。

103. 茶条槭

拉丁名：Acer tataricum subsp. Ginnala

科属：无患子科槭属

形态特征：落叶灌木或小乔木，高 5 ～ 6 米。叶卵状椭圆形。伞房花序圆锥状，顶生。果初时粉红色，后为黄绿色，果翅张开呈锐角或近于平行。花期 5 ～ 6 月份，果期 9 月份。

生长习性：深根性，喜光，较耐阴，耐寒，耐水湿，耐干燥和碱性土壤。

观赏价值及园林用途：树形小巧优雅，夏季刚结的翅果呈粉色，秀气别致。秋季叶片鲜红，是良好的庭园观赏树，也可作绿篱及小型行道树。

104.建始槭

拉丁名：*Acer henryi*

科属：无患子科槭属

形态特征：落叶乔木，高10米，树皮浅褐色。叶纸质，3小叶组成复叶。穗状花序下垂，花淡绿色。翅果嫩时淡紫色，成熟后黄褐色，小坚果凸起，长圆形。花期4月份，果期9月份。

生长习性：喜光，忌烈日暴晒，适应能力强，对土壤要求不严。

观赏价值及园林用途：秋叶红艳，翅果可爱，观赏期长，是优良的观赏树种。适宜于城市园林绿化及公园种植。

105. 元宝枫

拉丁名：*Acer truncatum*

科属：无患子科槭属

形态特征：落叶乔木，高达20米。一年生的嫩枝绿色，后渐变为红褐色或灰棕色。单叶，宽长圆形，掌状5裂，裂片三角形。花小，黄绿色。翅果嫩时淡绿色，成熟时淡黄色或淡褐色。花期4～5月份，果期9月份。

生长习性：喜光，忌高温暴晒，稍耐阴。耐寒耐旱，忌水涝，对土壤要求不严。

观赏价值及园林用途：树形优美，枝叶浓绿，秋季叶色多变，持续时间长，是优良的观叶树种。适宜于城市绿化、庭院、公园种植。木材可做家具，种子可制工业用油。

106. 花叶梣叶槭（花叶复叶槭）

拉丁名： *Acer negundo* var. variegatum Jacq.

科属： 无患子科槭属

形态特征： 落叶乔木，高达20米，树冠圆球形。小枝粗壮，绿色，有时带紫红色。奇数羽状复叶。花小，黄绿色。果翅狭长，展开呈锐角。花期4～5月份，果期9月份。

生长习性： 喜光，喜冷凉气候，不耐湿热，喜深厚、肥沃、湿润土壤。

观赏价值及园林用途： 枝叶茂密，入秋叶色金黄，颇为美观，宜作庭荫树、行道树及防护林树种。

107. 罗浮槭（红翅槭）

拉丁名: *Acer fabri*

科属: 无患子科槭属

形态特征: 常绿乔木，常高 10 余米。伞房花序，花紫色。翅果嫩时紫色，成熟时黄褐色或淡褐色，花期 3 ～ 4 月份，果期 9 月份。

生长习性: 耐寒，耐阴能力强，光照充足则结果多，光照不足则结果较少。

观赏价值及园林用途: 株形优美，嫩叶鲜红，红色翅果挂满枝头，挂果期长，十分美丽，极具观赏价值，适宜于作风景林、生态林、四旁绿化树种。

108. 红花槭（美国红枫）

拉丁名： *Acer rubrum*

科属： 无患子科槭属

形态特征： 落叶大乔木，树高 12 ～ 18 米。叶掌状。花红色，稠密簇生。翅果初时浅红色，成熟时棕色。花期 3 ～ 4 月份。

生长习性： 耐寒，耐旱，耐湿，适应性较强，对土壤要求不严。

观赏价值及园林用途： 叶色鲜红美丽，果实犹如一个个小翅膀，非常可爱，适宜于园林造景、庭院造景及行道树。

109. 陕西卫矛（金线吊蝴蝶）

拉丁名： *Euonymus schensianus*

科属： 卫矛科卫矛属

形态特征： 藤本灌木，高达数米。果梗黄色，蒴果四棱下垂，成熟后呈红色。花期 4 月份，果期 5 ～ 10 月份。

生长习性： 喜光，耐寒，适应性强，对土壤要求不高。

观赏价值及园林用途： 果形奇特，颜色艳丽，似金线悬挂着蝴蝶，果期持久，极具观赏价值，适宜于庭院、小区、公园及广场绿化种植。

110. 柚

拉丁名： *Citrus maxima*

科属： 芸香科柑橘属

形态特征： 乔木，高达8米。叶宽卵形或椭圆形，叶质厚，叶色浓绿。总状花序，花蕾淡紫红色。果实大，圆球形，淡黄色或黄绿色，杂交种有朱红色。花期4～5月份，果期9～12月份。

生长习性： 长江以南各地有分布，最北限于河南省信阳及南阳一带，全为栽培。喜温暖湿润气候，不耐低温。不耐干旱贫瘠，喜肥沃疏松土壤。

观赏价值及园林用途： 四季常绿，花芳香，果实硕大，观赏价值很高，适宜于园林、庭院栽植。也是一种著名水果，品种繁多。根、叶及果皮均可药用。

111. 香橼

拉丁名： *Citrus medica*

科属： 芸香科柑橘属

形态特征： 小乔木或灌木。叶片椭圆形。花瓣内面白色，外面淡紫色。果大，椭圆形、近圆形或两端狭的纺锤形，熟时黄色，芳香。花期 4 ～ 5 月份，果期 10 ～ 11 月份。

生长习性： 我国台湾、福建、广东、广西、云南等省区南部较多栽种。喜温暖湿润气候，不耐寒，喜肥沃、土层深厚的沙质土壤。

观赏价值及园林用途： 花开芳香，果实硕大金黄，适宜于庭院栽植观赏。花果均可入药。

112. 柑橘

拉丁名： *Citrus reticulata*

科属： 芸香科柑橘属

形态特征： 常绿小乔木，高约 3 米。叶椭圆状卵形、披针形。花白色，芳香。果扁球形，橙红色和橙黄色，果皮与果瓣易剥离。花期 4 ～ 5 月份，果熟 10 ～ 12 月份。

生长习性： 喜光，稍耐阴，喜通风良好、温暖的气候，不耐寒。

观赏价值及园林用途： 树姿优美，四季常青，花香宜人，果实累累，是著名的果树。可营造果园，也可用于庭院种植观赏。

113. 柠檬

拉丁名：*Citrus* × *limon*

科属：芸香科柑橘属

形态特征：小乔木，枝少刺或近无刺。花瓣外面淡紫红色，内面白色。果椭圆形，果皮厚，常粗糙，黄色，花期4～5月份，果期9～11月份。

生长习性：我国长江以南地区有栽培。喜温暖，耐阴，怕热，喜冬暖夏凉气候。

观赏价值及园林用途：是重要的药食两用果树，也可用于庭院栽培观赏。

114. 佛手

拉丁名: *Citrus medica* 'Fingered'

科属: 芸香科柑橘属

形态特征: 常绿小乔木或灌木。花小，白色芳香。果实橙黄色，形成手指状，有香气。花期4～5月份，果熟期10～12月份。

生长习性: 喜温暖湿润、阳光充足的环境，不耐严寒，不耐旱，耐阴，耐贫瘠，耐涝。

观赏价值及园林用途: 叶色泽苍翠，四季常青，果实色泽金黄，香气浓郁，形状奇特似手，千姿百态，极具观赏价值。

115. 花椒

拉丁名：*Zanthoxylum bungeanum*

科属：芸香科花椒属

形态特征：落叶小乔木，高 3 ～ 7 米，枝有短刺。小叶对生，卵形，叶轴常有甚狭窄的叶翼。花黄绿色。果紫红色，花期 4 ～ 5 月份，果期 8 ～ 9 月份或 10 月份。

生长习性：我国长江以南各地有栽种。喜光，喜温暖湿润气候，耐寒，耐旱，不耐积水，抗病能力强，喜土层深厚肥沃土壤。

观赏价值及园林用途：果实可药用及作调料。

116. 黄皮

拉丁名： *Clausena lansium*

科属： 芸香科黄皮属

形态特征： 小乔木，高12米。圆锥花序顶生。果椭圆形，黄褐色，果肉乳白色，花期4～5月份，果期7～8月份。

生长习性： 喜光，喜温暖湿润气候，对土壤要求不严，喜肥沃疏松土壤。

观赏价值及园林用途： 南方常见果树，树冠浓绿，开花时香气袭人，果实圆润可爱，常种植于庭院观赏。

117. 吴茱萸

拉丁名： *Tetradium ruticarpum*

科属： 芸香科吴茱萸属

形态特征： 落叶小乔木或灌木，高 3 ～ 5 米，嫩枝暗紫红色。奇数羽状复叶，小叶椭圆形。顶生伞房花序，密生黄绿色小花。果暗紫红色，种子近圆球形，褐黑色，有光泽。花期 4 ～ 6 月份，果期 8 ～ 11 月份。

生长习性： 我国长江以南，五岭以北的东部及中部各省有分布，常生长于低海拔地方。喜光，略耐阴，喜温暖气候，对土壤要求不严。

观赏价值及园林用途： 叶色浓绿，果实红艳，是园林绿化结合药用生产的优良树种，适宜于林缘、沟边观赏栽植。果实可供药用，种子可榨油，叶可提芳香油或作黄色染料。

118. 黄檗

拉丁名: *Phellodendron amurense*

科属: 芸香科黄檗属

形态特征: 落叶乔木，树高10～20米，枝条扩展。羽状复叶。圆锥状聚伞花序，花小，紫绿色。果圆球形，蓝黑色。花期5～6月份，果期9～10月份。

生长习性: 喜光，耐寒，抗风，喜深厚肥沃土壤。

观赏价值及园林用途: 植株高大，枝叶繁茂，抗逆性强，适宜于作庭荫树及“四旁”绿化树种，是珍贵的木材树种，内皮可入药。

119. 臭椿

拉丁名： *Ailanthus altissima*

科属： 苦木科臭椿属

形态特征： 落叶乔木，高可达 20 余米，树皮平滑。奇数羽状复叶。圆锥花序，花小而多，淡绿色。翅果长椭圆形，红色，种子扁圆形。花期 4 ～ 5 月份，果期 8 ～ 10 月份。

生长习性： 喜光，不耐阴，耐寒耐旱，忌积水，对土壤要求不严。

观赏价值及园林用途： 树形优美，枝叶浓密，秋季红果满树，生长快，抗逆性极强，是优良的观赏树和庭荫树，也可作造林、工厂绿化及盐碱地改良树种。木材可做家具，树皮、根皮及果实可入药。

120. 楝

拉丁名: *Melia azedarach*

科属: 楝科楝属

形态特征: 落叶乔木，高达10余米，树冠宽阔而平顶。圆锥花序，花淡紫色，有香味。核果近球形，熟时黄色，种子椭圆形。花期4～5月份，果期10～12月份。

生长习性: 喜光，不耐阴，喜温暖气候，较耐寒，对土壤要求不严。

观赏价值及园林用途: 枝叶秀丽，花淡雅芳香，果实宿存，经冬不凋，抗性强，能杀菌，适宜于作庭荫树、行道树及工厂绿化树种。果实可药用，木材可做家具等。

121. 香椿

拉丁名： *Toona sinensis*

科属： 楝科香椿属

形态特征： 落叶乔木，高 25 米，树皮粗糙，片状脱落。偶数羽状复叶。圆锥花序，花白色。蒴果狭椭圆形，深褐色，种子有膜质的长翅。花期 6 ～ 8 月份，果期 10 ～ 12 月份。

生长习性： 喜光，喜温，喜湿润肥沃的土壤，耐轻度盐碱土，耐水湿。

观赏价值及园林用途： 树干通直，枝叶浓密，嫩叶鲜红，适宜于作庭荫树、行道树及“四旁”绿化树种。

122. 南京椴

拉丁名： *Tilia miqueliana*

科属： 锦葵科椴属

形态特征： 落叶乔木，高 20 米，小枝及芽密被黄褐色茸毛。叶卵圆形，先端急短尖，基部心形。聚伞花序，果实球形。花期 7 月份。果熟期 9 月份。

生长习性： 喜温暖湿润气候，适应能力强，病虫害相对较少。

观赏价值及园林用途： 冠幅宽大浓密，形态美观，花香馥郁，适宜于作行道树、庭荫树及园景树，也是一种蜜源植物。

123. 欧洲椴

拉丁名： *Tilia vulgaris*

科属： 锦葵科椴属

形态特征： 落叶乔木，最高可达 35 米。叶互生，基部偏斜。聚伞花序，花白色或黄色，坚果或核果。花期 6 ～ 7 月份，果期 9 ～ 10 月份。

生长习性： 喜光，喜微湿且排水良好的土壤，耐涝，抗病能力强，病虫害少，易于养护。

观赏价值及园林用途： 树形优美，挺拔高大，花香馥郁，秋叶变黄，是欧洲主要的行道树、庭荫树，也是重要的蜜源植物。

124. 梧桐（青桐）

拉丁名： *Firmiana simplex*

科属： 锦葵科梧桐属

形态特征： 落叶乔木，高达16米，树干挺直，树皮青绿色，平滑。叶心形，叶大。圆锥花序顶生，花小，花淡黄绿色。蓇葖果膜质，成熟前开裂成叶状，种子圆球形。花期6月份，果熟期9～10月份。

生长习性： 喜光，喜温暖湿润环境。较耐寒，喜肥沃沙质土壤。

观赏价值及园林用途： 高大挺拔，枝叶茂盛，绿荫浓密，适宜作庭院景观树及行道绿化树种。叶、花、根及种子均可入药。

125. 梭罗树

拉丁名： *Reevesia pubescens*

科属： 锦葵科梭罗树属

形态特征： 常绿乔木，高达 16 米。叶薄革质，椭圆状卵形。聚伞状伞房花序顶生，花白色或淡红色。蒴果梨形有 5 棱，种子有翅。花期 5 ～ 6 月份，果实 10 ～ 11 月份成熟。

生长习性： 喜光，耐半阴，喜温暖气候，喜排水良好肥沃土壤。

观赏价值及园林用途： 四季常绿，春季白花满树，香气宜人，适宜于庭院、公园绿化观赏。枝条纤维可造纸和编绳。

126. 番木瓜

拉丁名： *Carica papaya*

科属： 番木瓜科番木瓜属

形态特征： 常绿软木质小乔木，高达 8 ～ 10 米。叶大，近盾形，常掌状 7 ～ 9 深裂。雄花排成长达约 1 米的下垂圆锥花序，花乳黄色。雌花排成伞房花序，花乳黄色或白色。浆果肉质，成熟时橙黄色或黄色，长圆球形，肉柔软多汁，味香甜。花果期全年。

生长习性： 喜炎热及光照，不耐寒，根系浅，怕大风，忌积水。对土壤的适应性较强。

观赏价值及园林用途： 果实金黄，是南方重要的果树和庭园树。果实香甜可食。种子可榨油。果和叶均可药用。

127. 喜树

拉丁名： *Camptotheca acuminata*

科属： 蓝果树科喜树属

形态特征： 落叶乔木，高达 20 余米。树干端直，树皮光滑。头状花序近球形，淡绿色。翅果矩圆形，成熟时黄褐色，形成头状果序。花期 5 ～ 7 月份，果期 9 月份。

生长习性： 喜光，稍耐阴，喜温暖、湿润环境，较耐水湿，喜疏松、肥沃、湿润的土壤。

观赏价值及园林用途： 主干通直，树冠宽展，头状果序悬挂枝头，十分可爱，宜作庭荫树及行道树。果实、根、树皮、树枝、叶均可入药。

128. 珙桐

拉丁名： *Davidia involucrata*

科属： 蓝果树科珙桐属

形态特征： 落叶乔木，高 20 米。叶子互生，卵形。花奇色美，头状花序顶生，有 2 ～ 3 枚花瓣状苞片，状如鸽翅。果实为长椭圆形核果，紫绿色。花期 4 月份，果期 10 月份。

生长习性： 喜凉爽湿润气候，不耐贫瘠干旱，喜中性或微酸性腐殖质深厚的土壤。

观赏价值及园林用途： 枝叶繁茂，叶大如桑，花形似鸽子展翅，为世界著名的珍贵观赏树，常植于池畔、溪旁及疗养所、宾馆、展览馆附近，并有和平的象征意义。

129. 山茱萸

拉丁名： *Cornus officinalis*

科属： 山茱萸科山茱萸属

形态特征： 落叶灌木或乔木，高 4 ～ 10 米。叶卵形至椭圆形。伞形花序先叶开花，腋生，花黄色。核果长椭圆形，成熟时红色至紫红色。花期 3 ～ 4 月份，果期 9 ～ 10 月份。

生长习性： 喜光，喜温暖湿润气候，喜深厚肥沃、湿润的沙质土壤。

观赏价值及园林用途： 先花后叶，初春开花时满树金黄，秋季果实红艳，艳丽夺目，是优良的秋季观果植物，适宜于庭院、公园绿地栽植观赏，也可作盆栽。果实可入药。

130. 香港四照花

拉丁名： *Cornus hongkongensis*

科属： 山茱萸科山茱萸属

形态特征： 常绿乔木或灌木，高 5 ～ 15 米，树种主杆通直，分枝密集。叶片繁茂。花大、花多、花苞片大而洁白。核果聚生呈球形，红艳可爱。花期 5 ～ 6 月份，果期 11 ～ 12 月份。

生长习性： 须根发达，抗寒，抗旱，抗病虫害，且耐移植。

观赏价值及园林用途： 树形优美，花大洁白，果实红色，冬季和早春全株红叶，极具观赏价值。适宜于庭园及公园孤植或丛植，亦可用作大型花境的焦点骨干树种。木材为建筑材料，果可食用，又可作为酿酒原料。

131.厚皮香

拉丁名： *Ternstroemia gymnanthera*

科属： 五列木科厚皮香属

形态特征： 常绿灌木或小乔木，高 1.5 ～ 10 米，树冠圆锥形。叶革质，聚生于枝梢。花淡黄色，常数朵聚生枝端。果实球形，种子肾形，成熟时肉质假种皮红色。花期 5 ～ 7 月份，果期 8 ～ 10 月份。

生长习性： 喜温暖、湿润和背阴潮湿环境，喜排水良好、湿润肥沃的土壤。

观赏价值及园林用途： 枝叶繁茂，叶色光亮，叶柄及新叶红艳，适宜于林缘、道路转角栽植观赏。木材可做家具等。

132. 人心果

拉丁名： *Manilkara zapota*

科属： 山榄科铁线子属

形态特征： 常绿乔木，高 15 ～ 20 米。叶革质，密聚于枝顶，长圆形或卵状椭圆形。花小，黄白色，浆果纺锤形、卵形或球形，褐色，果肉黄褐色。花果期 4 ～ 9 月份。

生长习性： 喜高温多湿，不耐寒，喜肥沃深厚、排水良好土壤。

观赏价值及园林用途： 树形优美，枝叶繁茂，果实累累，适宜于庭院及小径行道树种植。果实甜蜜可口，是营养价值很高的水果。树干的乳汁是口香糖原料；树皮可治热症。

133. 柿

拉丁名： *Diospyros kaki*

科属： 柿科柿属

形态特征： 落叶乔木，高达 10 ～ 14 米。叶卵状椭圆形。花黄白色。果实形状多样，有球形、扁球形，球形而略呈方形、卵形等，老熟时果肉柔软多汁，呈橙红色或大红色等。花期 5 ～ 6 月份，果期 9 ～ 10 月份。

生长习性： 喜光，喜温暖气候，耐寒，对土壤的要求不严。

观赏价值及园林用途： 枝繁叶大，树冠开张，秋叶深红，果实金黄，是观叶观果俱美的优良观赏树种，适宜种植于庭园观赏。果实可食用，木材可做小器具。

134. 老鸦柿

拉丁名： *Diospyros rhombifolia*

科属： 柿科柿属

形态特征： 落叶小乔木，高可达 8 米。叶纸质，菱状倒卵形。花白色。浆果卵球形，有长柔毛，熟时红色，有蜡质及光泽。花期4～5月份，果期 9 ～ 10 月份。

生长习性： 喜光，较耐阴，喜湿润气候，对土壤要求不严。

观赏价值及园林用途： 秋季红果累累，鲜艳夺目，是优良的秋冬季观果树种，适宜于庭院、亭台阶前、林缘栽植。根和枝可入药。

135. 乌柿（金弹子）

拉丁名： *Diospyros cathayensis*

科属： 柿科柿属

形态特征： 常绿或半常绿小乔木，高 10 米左右。叶薄革质，长圆状披针形。花白色，芳香。果球形，形似弹丸，嫩时绿色，熟时黄色。花期 4 ~ 5 月份，果期 8 ~ 10 月份。

生长习性： 喜光，耐寒性不强，对土壤要求不严。

观赏价值及园林用途： 秋季果实金黄圆润，鲜亮夺目，十分可爱，是优良的秋季观果植物，适宜于庭院、公园、林缘栽植观赏，也可作盆景。

136. 油柿

拉丁名: *Diospyros oleifera*

科属: 柿科柿属

形态特征: 落叶乔木，高达14米。树皮成薄片状剥落，内皮白色。叶纸质，长圆形，两面有柔毛。花小，白色，果卵圆形，略呈4棱，成熟时暗黄色。花期4～5月份，果期8～10月份。

生长习性: 喜温暖气候，抗逆性强，具有很强的适应性。

观赏价值及园林用途: 枝叶繁茂，果实金黄，是秋季观果优良树种，适宜种植于庭园观赏。果可供食用。

137. 秤锤树

拉丁名： *Sinojackia xylocarpa*

科属： 安息香科秤锤树属

形态特征： 落叶乔木，高达 7 米。叶纸质，倒卵形或椭圆形。总状聚伞花序，花梗柔弱下垂，花白色。果卵形，红褐色，具圆锥形喙，形似秤锤。花期 3 ～ 4 月份，果期 7 ～ 9 月份。

生长习性： 喜光，喜温暖湿润环境，较耐寒，喜深厚、肥沃和排水良好土壤。

观赏价值及园林用途： 枝叶浓密，春季盛开白色小花，洁白可爱，秋季叶落后宿存果实悬挂，宛如秤锤，颇具野趣，是优良的观赏树种，适宜于山坡、林缘和庭院窗前栽植，也可作盆景。

138. 玉铃花

拉丁名： *Styrax obassis*

科属： 安息香科安息香属

形态特征： 乔木或灌木，高 10 ～ 14 米，嫩枝紫红色。叶对生，椭圆形或卵形。总状花序顶生，花密集，弯垂，白色或粉红色，有芳香。果卵形。花期 5 ～ 7 月份，果期 8 ～ 9 月份。

生长习性： 喜光，喜温暖湿润气候，喜肥沃、疏松土壤。耐旱忌涝。

观赏价值及园林用途： 枝叶扶疏，穗状白花，形如“玉铃”，香气馥郁，适于园林中孤植、列植造景及作绿荫树。果可药用。

139. 垂珠花

拉丁名： *Styrax dasyanthus*

科属： 安息香科安息香属

形态特征： 落叶灌木或小乔木，高 3 ～ 20 米。圆锥花序或总状花序，花白色。果实卵圆形。花期 3 ～ 5 月份，果期 9 ～ 12 月份。

生长习性： 喜阳，喜温暖气候，较耐旱，喜丘陵坡地。

观赏价值及园林用途： 花果垂悬，形如串串风铃，十分美丽，极具观赏价值，适宜于庭院、公园种植。叶可药用，种子可榨油。

140. 杜仲

拉丁名： *Eucommia ulmoides*

科属： 杜仲科杜仲属

形态特征： 落叶乔木，高可达20米。树皮及叶折断后可拉出白色胶丝。单叶互生，叶长椭圆形，薄革质，长6～15厘米，宽3.5～6.5厘米，先端渐尖，具锯齿。花单性，雌雄异株，花小腋生。翅果长椭圆形，扁平，顶端二裂，深褐色。早春开花，秋后果实成熟。

生长习性： 喜光，不耐阴，较耐寒，喜温暖、湿润环境和土层深厚、疏松肥沃的土壤。

观赏价值及园林用途： 树干端直，枝叶茂密，树形整齐优美，是优良的经济树种，可作庭园绿荫树或行道树。树皮可供药用。

141. 小粒咖啡

拉丁名： *Coffea arabica*

科属： 茜草科咖啡属

形态特征： 常绿小乔木或大灌木，高5～8米，叶薄革质，卵状披针形。聚伞花序数个簇生于叶腋内，花冠白色，芳香。浆果成熟时阔椭圆形，红色。花期3～4月份。

生长习性： 喜光，喜雨量充足气候，耐短期低温，不耐强风，抗病力比较弱。

观赏价值及园林用途： 四季常绿，果实鲜红，适宜于小庭院种植及专类园种植。也是重要的经济树种。

142. 木樨榄（油橄榄）

拉丁名： *Olea europaea*

科属： 木犀科木樨榄属

形态特征： 常绿小乔木，高可达10米，树皮灰色。圆锥花序。果椭圆形，成熟时呈蓝黑色。花期4～5月份，果期6～9月份。

生长习性： 喜光，喜温暖湿润气候，有的品种抗寒性较强，可耐短时低温，对土壤要求不高。

观赏价值及园林用途： 是优良的油料及果用树种，可用于庭院种植，果实可榨油，供食用，也可制蜜饯。

143. 白蜡树

拉丁名： *Fraxinus chinensis*

科属： 木犀科梣属

形态特征： 落叶乔木，高10～12米，树皮灰褐色。圆锥花序，花小。翅果匙形，坚果圆柱形。花期4～5月份，果期7～9月份。

生长习性： 喜光，耐瘠薄干旱，对土壤适应性较强，在轻度盐碱地也能生长。

观赏价值及园林用途： 树干通直，枝叶繁茂，秋叶橙黄，荚果串串，是优良的行道树和遮阴树。木材可编制各种用具，树皮也可药用。

144. 紫丁香

拉丁名： *Syringa oblata*

科属： 木犀科丁香属

形态特征： 落叶灌木或小乔木，高可达 5 米。圆锥花序，花紫色、紫红色或蓝色。果倒卵状椭圆形，光滑。花期4～5月份，果期6～10月份。

生长习性： 喜阳，耐寒，不耐高温，喜排水良好、疏松的中性土壤。

观赏价值及园林用途： 花序大，白紫色，芳香四溢，是著名的观赏花木，适宜于庭院、林缘、园林丛植及孤植。叶可入药。

145. 吊灯树（吊瓜树）

拉丁名： *Kigelia africana*

科属： 紫葳科吊灯树属

形态特征： 常绿乔木，高 13 ～ 20 米。奇数羽状复叶，交互对生或轮生，全缘，长圆形或倒卵形，近革质，羽状脉。花序圆锥形，下垂，花萼钟状，花冠橘黄色或褐红色。果下垂，圆柱形，长约 38 厘米，径 12 ～ 15 厘米，果柄长约 8 厘米。坚硬。花期 4 ～ 5 月份，果熟期 9 ～ 12 月份。

生长习性： 喜高温、湿润、阳光充足的环境。对土壤的要求不严，在土层深厚、肥沃、排水良好的沙质土壤中生长良好。

观赏价值及园林用途： 树姿优美，花大艳丽，果实悬挂，经久不落，新奇有趣，蔚为壮观，极具观赏价值，适宜于公园、庭院、风景区和住宅别墅等地种植观赏。

146. 蓝花楹

拉丁名： *Jacaranda mimosifolia*

科属： 紫葳科蓝花楹属

形态特征： 落叶大乔木，高可达 20 米。二回羽状复叶对生或互生，小叶 8 ～ 15 对，互生，长圆形，长 7 ～ 8 毫米，顶端急尖，基部斜楔形。花蓝色，花冠钟状，花序长。朔果木质，扁卵圆形。花期 5 ～ 6 月份，果熟期 9 ～ 11 月份。

生长习性： 喜光，喜温暖气候，对土壤要求不严。

观赏价值及园林用途： 树形优美，花蓝色，开花时期满树蓝花十分美丽，适宜于作行道树、风景树及庭院公园遮阴树种。种子处理后可供食用。

147. 楸树

拉丁名: *Catalpa bungei*

科属: 紫葳科梓属

形态特征: 落叶小乔木，高 8 ～ 12 米。叶三角状卵形。顶生伞房状总状花序，花淡红色，内蒴果细长。花期 5 ～ 6 月份，果期 6 ～ 10 月份。

生长习性: 喜光，较耐寒，喜湿润环境，不耐干旱积水。

观赏价值及园林用途: 树干挺拔，花朵淡红素雅，适宜于作庭院及园林绿化树种。

148. 黄金树

拉丁名： *Catalpa speciosa*

科属： 紫葳科梓属

形态特征： 乔木，高6～10米，树冠伞状。叶卵心形。圆锥花序顶生，花白色。蒴果圆柱形，种子椭圆形。花期5～6月份，果期8～9月份。

生长习性： 喜光，稍耐阴，喜温暖湿润气候，耐干旱，不耐积水。

观赏价值及园林用途： 树形美观，开花繁茂，果实累累，适宜于作行道树及防风护沙绿化造林树种。枝叶可提炼精油。

149. 海州常山

拉丁名： *Clerodendrum trichotomum*

科属： 唇形科大青属

形态特征： 落叶灌木或小乔木，高 1.5 ～ 10 米。叶对生，纸质，卵状椭圆形。伞房状聚伞花序，花萼蕾时绿白色，后紫红色，花冠白色或带粉红色。核果近球形，蓝紫色。花果期 6 ～ 11 月份。

生长习性： 喜凉爽、湿润、向阳环境，对土壤要求不严。耐旱、耐盐碱性较强。

观赏价值及园林用途： 花形美丽奇特，花期长，果实醒目，适宜于庭院、林下、堤岸等景观布置。

150. 白花泡桐

拉丁名： *Paulownia fortunei*

科属： 泡桐科泡桐属

形态特征： 落叶乔木，高可达 30 米，树冠宽广，主干直。叶片长卵状心脏形，圆锥状聚伞花序，花乳白色，内有紫斑，芳香。蒴果长圆形。花期 3 ～ 4 月份，果期 7 ～ 8 月份。

生长习性： 喜阳，不耐荫蔽，喜疏松深厚、排水良好的土壤，不耐水涝。

观赏价值及园林用途： 树大叶繁，先叶而放的花朵色彩绚丽，适宜于作庭荫树和行道树，也是工厂绿化的优良树种。

151.铁冬青

拉丁名：*Ilex rotunda*

科属：冬青科冬青属

形态特征：常绿灌木或乔木，高可达 20 米。花白色，较小，聚伞花序或伞形状花序具（2-）4-6-13 花，单生于当年生枝的叶腋内。果实近球形，红色。花期 4 月份，果期 8 ～ 12 月份。

生长习性：耐阴，喜温暖湿润气候，耐贫瘠，耐旱，耐霜冻，适应性较强。

观赏价值及园林用途：枝叶繁茂，树叶厚实，花后果实由黄转红，鲜艳可爱，极具观赏价值，可孤植，可群植，适宜于庭院及开阔绿地种植。

152. 大别山冬青

拉丁名： *Ilex dabieshanensis*

科属： 冬青科冬青属

形态特征： 常绿小乔木，高5米，树皮灰白色。花小，黄绿色。果实近球形，红色，干时褐色。花期3～4月份，果期10月份。

生长习性： 适应性强，耐干旱贫瘠，生长势旺盛，耐修剪。

观赏价值及园林用途： 四季常绿，叶色青翠，果实红艳可爱，是秋冬季节优良的园林绿化观赏树种。

153. 冬青

拉丁名： *Ilex chinensis*

科属： 冬青科冬青属

形态特征： 常绿乔木，高达 13 米。叶薄革质，长椭圆形，叶面绿色有光泽。聚伞花序，花淡紫红色。核果椭圆形、深红色。花期 4 ～ 6 月份，果期 7 ～ 12 月份。

生长习性： 喜光，亦耐阴，不耐寒，喜肥沃的酸性土，不耐积水。

观赏价值及园林用途： 树冠高大，四季常绿，秋冬季果实红艳，是优良冬季观果植物，适宜于作庭荫树、园景树等。木材坚韧，树皮、叶及种子可供药用。

154. 大叶冬青

拉丁名： *Ilex latifolia*

科属： 冬青科冬青属

形态特征： 常绿大乔木，高达20米。树冠阔卵形，叶厚革质，边缘有疏锯齿。聚伞花序，花淡绿色。果球形，熟时深红色。花期4月份，果期9～10月份。

生长习性： 喜光，亦耐阴，喜温暖湿润气候，耐寒性不强，不耐积水，适应性较强。

观赏价值及园林用途： 冠大荫浓，枝叶亮泽，红果鲜艳，适宜于道路转角、草坪边缘、庭院种植。木材可作细木原料，树皮可提栲胶，叶和果可入药。

155. 枸骨

拉丁名：*Ilex cornuta*

科属：冬青科冬青属

形态特征：常绿灌木或小乔木，高 0.6 ～ 3 米。叶厚革质，四角状长圆形或卵形，中央刺齿反曲。花小，淡黄色。果球形，熟时鲜红色，花期 4 ～ 5 月份，果期 10 ～ 12 月份。

生长习性：喜光，稍耐阴，喜温暖气候。适应性强，耐修剪。

观赏价值及园林用途：树形优美，秋冬果实红艳，经冬不凋，是优良的观果、观叶、观形树种。适宜于庭院种植观赏及作绿篱。根、枝叶、果可入药。

156. 无刺枸骨

拉丁名： *Ilex cornuta* varfortunei

科属： 冬青科冬青属

形态特征： 常绿灌木或小乔木。树皮灰白色，平滑无开裂。叶革质，无刺齿。花小，黄绿色。果近球形，熟时鲜红色。花期 4 ～ 5 月份，果期 10 ～ 12 月份。

生长习性： 喜光，也较耐阴，喜温暖、湿润和排水良好的酸性和微碱性土壤，耐修剪。

观赏价值及园林用途： 四季常青，叶片光亮，红果鲜艳，是优良的冬季观果植物，适宜于园林、花坛、路口、草坪边缘种植观赏，也可以作绿篱。

157. 蜡梅

拉丁名： *Chimonanthus praecox*

科属： 蜡梅科蜡梅属

形态特征： 落叶灌木，高达 4 米。叶半革质，椭圆状卵形至卵状披针形。花单生，花蜡黄色，芳香。果托近木质化，坛状。花期 11 月份～翌年 3 月份，果期 4 ～ 11 月份。

生长习性： 喜光，亦耐阴，耐寒，耐旱，忌积水，喜肥沃、疏松、排水良好微酸性土壤。

观赏价值及园林用途： 冬末初春开花，花黄如蜡，清香四溢，果期长，为冬季观赏佳品，适宜于堂前、庭院、墙垣栽植观赏，也可作插花。

158. 夏蜡梅

拉丁名： *Calycanthus chinensis*

科属： 蜡梅科夏蜡梅属

形态特征： 落叶灌木，株高 1 ～ 2.5 米。树皮灰白色。叶椭圆状卵形。花单生于当年枝顶，花外被片大而薄，白色，边缘具红晕，内被片乳黄色、质厚。果托钟状，瘦果长圆形。花期 5 月份，果期 10 月份。

生长习性： 半阴性树种，忌强光，喜阴湿，较耐寒，喜富含腐殖质的微酸性土壤。

观赏价值及园林用途： 初夏开花，花色柔媚，秋可观果，观赏价值高，在园林绿地中适宜于在散射光下栽植观赏。

159. 南天竹

拉丁名： *Nandina domestica*

科属： 小檗科南天竹属

形态特征： 常绿灌木，丛生。2 ～ 3 回羽状复叶，小叶形似竹叶。花小，白色，圆锥花序顶生。浆果球形，鲜红色或黄色。花期 3 ～ 6 月份，果期 5 ～ 11 月份。

生长习性： 喜温暖湿润的环境，比较耐阴，也耐寒，对土壤要求不严。

观赏价值及园林用途： 树姿秀丽，叶色翠绿，红果累累，圆润光洁，是常用的观叶、观果植物，可地栽、盆栽或制作盆景，具有很高的观赏价值。

160. 阔叶十大功劳

拉丁名： *Mahonia bealei*

科属： 小檗科十大功劳属

形态特征： 直立丛生灌木，高 0.5 ～ 4 米。叶狭倒卵形，厚革质，上面暗灰绿色，背面淡黄绿色，有白霜。总状花序，花黄色，芳香，浆果卵形，深蓝色，被白粉。花期 9 月份至翌年 1 月份，果期 3 ～ 5 月份。

生长习性： 半阴性，喜温暖湿润气候，不耐寒，对土壤要求不严。

观赏价值及园林用途： 叶形奇特，花果秀丽，是叶、花、果俱佳的观赏植物。适宜于建筑墙下、树荫、山石旁种植观赏。植株可入药。

161. 牡丹

拉丁名： *Paeonia suffruticosa*

科属： 芍药科芍药属

形态特征： 多年生落叶灌木，茎高达 2 米。叶通常为二回三出复叶，花单生于枝顶，花瓣 5 单或为重瓣，花大，花色丰富，有玫瑰色、红紫色、粉红色至白色，通常变异很大。蓇葖果长圆形密，生黄褐色硬毛。花期 5 月份，果期 6 月份。

生长习性： 喜凉怕湿，可耐 −30℃的低温，喜阴，不耐暴晒。要求疏松、肥沃、排水良好的中性土壤或沙壤土。

观赏价值及园林用途： 花大色艳，雍容华贵，历来为人们所喜爱。适宜于园林中丛植或孤植观赏，布置花坛、花境，有的建造专类园，或作品种研究或重点绿化用。也可盆栽用于客厅、卧室书房等摆放观赏。根皮可药用。

162. 伞房决明

拉丁名： *Senna corymbosa*

科属： 豆科决明属

形态特征： 半常绿灌木，高 2 ～ 3 米。花鲜黄色。荚果圆柱形纤细，下垂，花期 7 ～ 10 月份，果实 12 月份成熟。

生长习性： 喜光，较耐寒，对土壤要求不严，耐贫瘠。

观赏价值及园林用途： 生长快，耐修剪，花多艳丽，花期长，花后一条条豆荚挂满枝头，非常壮观，适宜于公园、绿地、庭院群植、片植、孤植及花境种植，极具观赏效果。

163. 望江南

拉丁名：*Senna occidentalis*

科属：豆科决明属

形态特征：亚灌木或灌木，高 0.8 ～ 1.5 米。花黄色，荚果带状镰形，褐色。花期 4 ～ 8 月份，果期 6 ～ 10 月份。

生长习性：喜温暖气候，不耐寒，一般土壤均可种植，以排水良好的沙质壤土为好。

观赏价值及园林用途：花色鲜黄，适宜于庭院栽植。茎叶可供药用。

164. 紫荆

拉丁名： *Cercis chinensis*

科属： 豆科紫荆属

形态特征： 落叶灌木，丛生或单生，高 2 ～ 5 米。叶纸质，近圆形，基部心形。花先叶开放，簇生于老枝上，紫红色或粉红色。荚果扁狭长形，绿色，花期 3 ～ 4 月份，果期 8 ～ 10 月份。

生长习性： 喜光，稍耐阴，较耐寒，喜肥沃和排水良好的土壤。

观赏价值及园林用途： 先叶后花，花形奇特，玫红鲜艳，叶片心形，荚果密集，适宜于公园、庭院、草坪栽植观赏。树皮及花可入药。

165. 玫瑰

拉丁名：*Rosa rugosa*

科属：蔷薇科蔷薇属

形态特征：直立灌木，高可达2米，茎丛生。花芳香，紫红色至白色。果扁球形，直径2～2.5厘米，砖红色，肉质。花期5～6月份，果期8～9月份。

生长习性：喜光，耐寒耐旱，喜排水良好疏松土壤。

观赏价值及园林用途：花芳香美丽，适宜于作花篱，也可栽植于庭院、公园、花坛、花境，是优良的观花观果植物。果实可食用。

166. 金樱子

拉丁名： *Rosa laevigata*

科属： 蔷薇科蔷薇属

形态特征： 常绿攀援灌木，高可达 5 米，干枝密生，有刺。羽状复叶互生，花大，白色。果梨形，橙红色，密生褐色刺毛。花期 4 ～ 6 月份，果期 7 ～ 11 月份。

生长习性： 喜光，喜温暖、湿润环境。适应性强，对土壤要求不严。

观赏价值及园林用途： 四季常青，花色洁白，适宜于攀援墙垣、篱栅作垂直绿化材料。果实可食用及药用。

167. 皱皮木瓜（贴梗海棠）

拉丁名： *Chaenomeles speciosa*

科属： 蔷薇科木瓜海棠属

形态特征： 落叶灌木，高达 2 米，枝条直立开展，有刺，单叶互生。花 3 朵至 5 朵簇生于 2 年生老枝上，花梗极短，花猩红、橘红、粉红或白色。梨果卵形或球形，黄色而有香气。花期 3 ~ 4 月份，果熟期 9 ~ 10 月份。

生长习性： 适应性强，耐寒，耐贫瘠，喜光，也耐半阴，对土壤要求不严。

观赏价值及园林用途： 树形美丽，花朵艳丽，花色丰富，有重瓣、半重瓣品种，是优良的观花灌木。适宜于单株布置花境或点缀花坛，也可密植用作花篱。

168.欧李

拉丁名: *Cerasus humilis*

科属: 蔷薇科樱属

形态特征: 灌木，高0.4～1.5米。小枝被细毛。叶倒卵状长椭圆形或倒卵状披针形，花白色或粉红色。核果近球形，红色或紫红色。花期4～5月份，果期6～10月份。

生长习性: 喜光，耐寒，喜湿润肥沃土壤。

观赏价值及园林用途: 枝叶繁茂，花朵密集，果实艳丽，是优良的观花、观叶、观果树种，适宜于庭院、城市道路园林绿化栽植。果可食用。

169. 毛樱桃

拉丁名： *Cerasus tomentosa*

科属： 蔷薇科樱属

形态特征： 落叶灌木，高 0.3 ～ 1 米，叶卵状椭圆形。花单生或 2 朵簇生，白色或粉红色。核果近球形，红色。花期 4 ～ 5 月份，果期 6 ～ 9 月份。

生长习性： 喜光，亦耐阴，耐寒，适应性极强。

观赏价值及园林用途： 花开繁茂，红果鲜艳，适宜于庭院、公园、小区种植观赏。果实可食用。

170. 郁李

拉丁名: *Cerasus japonica*

科属: 蔷薇科樱属

形态特征: 落叶灌木，高 1 ～ 1.5 米。簇生成丛，叶片卵形，有锯齿。花瓣白色或粉红色。倒核果近球形，深红色。花期 5 月份，果期 7 ～ 8 月份。

生长习性: 喜光，耐寒，耐旱，适应性强，对土壤要求不严。

观赏价值及园林用途: 开花密集，色彩鲜艳，深红色果实艳丽，是优良的观花观果灌木，适宜于庭院、公园、花境景观种植。种仁可入药。

171. 火棘

拉丁名： *Pyracantha fortuneana*

科属： 蔷薇科火棘属

形态特征： 常绿灌木，高达 3 米。叶片倒卵形至倒卵状长圆形。聚生复伞房花序，花白色。果实近球形，橘红或深红色。花期 3 ～ 5 月份，果期 8 ～ 11 月份。

生长习性： 喜光，耐贫瘠干旱，较耐寒，对土壤要求不严。

观赏价值及园林用途： 四季常绿，枝叶繁茂，春季白花点点，夏季红果满树，是优良的观花及秋冬观果灌木。适宜于园林绿化、地被及花境背景植物，也可作盆栽及绿篱。

172. 金叶风箱果

拉丁名： *Physocarpus opulifolius* var. luteus

科属： 蔷薇科风箱果属

形态特征： 落叶灌木。枝条黄绿色，老枝褐色。叶片生长期金黄色，三角状卵形，缘有锯齿。顶生伞形总状花序，花白色。果实卵形，红色。花期5～6月份，果期7～8月份。

生长习性： 喜光，耐寒，耐瘠薄，耐阴，适应性强。

观赏价值及园林用途： 叶色金黄，花序大而洁白，果实鲜红，是花、叶、果俱佳的观赏灌木。适宜于城市绿化、庭院观赏，也可用于绿篱、花坛、花境布置。

173. 平枝栒子

拉丁名： *Cotoneaster horizontalis*

科属： 蔷薇科栒子属

形态特征： 落叶或半常绿匍匐灌木，枝水平张开成整齐 2 列，宛如蜈蚣。故也叫铺地蜈蚣。花粉红色。果实鲜红色。花期 5 ～ 6 月份，果期 9 ～ 10 月份。

生长习性： 喜阳光和温暖的环境，稍耐寒，耐瘠薄，适应性强，耐修剪，萌发力强。

观赏价值及园林用途： 枝叶平展，叶、花、果都极具观赏价值，适用于花坛、花境及地被植物或者岩石园配置，也是制作盆景的好材料。

174. 栒子

拉丁名： *Cotoneaster hissaricus*

科属： 蔷薇科栒子属

形态特征： 落叶、常绿或半常绿灌木，有时为小乔木状。聚伞花序，花白色、粉红色或红色。果实小形梨果状，红色、褐红色至紫黑色。花期5～6月份，果期9～10月份。

生长习性： 喜光，喜温暖气候，耐寒，耐贫瘠，不耐水湿，适应性强。

观赏价值及园林用途： 叶色浓绿，小花如繁星点点，果实鲜艳，适宜于花坛、花境及地被栽植。

175. 胡颓子

拉丁名： *Elaeagnus pungens*

科属： 胡颓子科胡颓子属

形态特征： 常绿直立灌木，高 3 ～ 4 米，枝开展，常有刺。叶椭圆形至矩圆形，边缘微反卷。花白色，芳香。果实椭圆形，幼时被褐色鳞片，成熟时红色。花期 9 ～ 12 月份，果期次年 4 ～ 6 月份。

生长习性： 喜光亦耐阴，不耐寒，耐贫瘠水湿干旱，对土壤要求不严。

观赏价值及园林用途： 枝条交错，叶背银色，花芳香，红果下垂，十分可爱。适宜于花丛中或林缘栽植，也可作绿篱。种子、叶和根可入药，果实可生食及酿酒。

176. 牛奶子

拉丁名： *Elaeagnus umbellata*

科属： 胡颓子科胡颓子属

形态特征： 落叶直立灌木，高 1 ～ 4 米，小枝开展，多分枝。叶纸质或膜质。花黄白色，芳香。果实卵圆形，幼时绿色，成熟时红色，果实及花均密被银白色鳞片。花期 4 ～ 5 月份，果期 7 ～ 8 月份。

生长习性： 耐阴，亦不惧阳光暴晒，耐寒，耐干旱和瘠薄，不耐水涝，对土壤要求不严。

观赏价值及园林用途： 夏秋季红果累累，可作观赏植物栽植于庭院。果实可生食也可制果酒、果酱等，果实、根和叶亦可入药。

177. 沙棘

拉丁名： *Hippophae rhamnoides*

科属： 胡颓子科沙棘属

形态特征： 落叶灌木，高 1 ～ 5 米。棘刺多，叶狭披针形，叶背密被银白色鳞片。果实圆球形，橙黄色或橘红色。花期 4 ～ 5 月份，果期 9 ～ 10 月份。

生长习性： 喜光，耐寒，耐旱，耐风沙，对土壤适应性强。

观赏价值及园林用途： 适应性极强，果实鲜亮夺目，是防风固沙、保持水土、改良土壤的优良树种。果实可食用及药用。

178. 无花果

拉丁名： *Ficus carica*

科属： 桑科榕属

形态特征： 落叶灌木或小乔木，高3～5米。枝条粗壮，光滑无毛。叶片大而厚，隐头花序。榕果梨形，成熟时紫红色或黄色，花果期5～7月份。

生长习性： 喜温暖而稍干燥的气候，不耐严寒，宜在排水良好的沙质壤土中生长。

观赏价值及园林用途： 枝繁叶茂，姿态优雅，具有较好的观赏价值，是良好的园林及庭院绿化观赏树种，也可作盆栽观赏。果实可食用。

179. 栓翅卫矛

拉丁名： *Euonymus phellomanus*

科属： 卫矛科卫矛属

形态特征： 落叶灌木，高 3 ～ 4 米。枝常具 4 纵列木栓质厚翅。聚伞花序，花白绿色。蒴果倒心形，熟时粉红色，种子椭圆形，假种皮橘红色。花期 7 月份，果期 9 ～ 10 月份。

生长习性： 耐寒，耐阴，耐修剪，耐干旱、瘠薄，适应性强。

观赏价值及园林用途： 枝翅奇特，秋叶及果实红艳，是优良的观枝、观叶、观果植物，适宜于城市园林、道路、公园造景及作绿篱、色块种植。

180. 算盘子

拉丁名： *Glochidion puberum*

科属： 叶下珠科算盘子属

形态特征： 落叶灌木，直立多枝。花小。蒴果扁球形，成熟时带红色，形似算盘子，种子近肾形，红褐色，花期 6 ~ 10 月份，果期 8 ~ 12 月份。

生长习性： 喜光，喜温暖湿润气候，耐贫瘠，对土壤要求不严。

观赏价值及园林用途： 果实形态奇特，颜色鲜艳，是优良的观果观叶植物，可丛植于林下，也可群植或片植作绿带。根茎叶及果实均可药用。

181. 海桐

拉丁名： *Pittosporum tobira*

科属： 海桐科海桐属

形态特征： 常绿灌木或小乔木，高 2 ～ 6 米。叶革质，倒卵形，叶面有光泽。伞形花序，花白色后变黄色，芳香。蒴果圆球形，有棱或成三角形，熟时三片裂开，种子鲜红色。花期 5 月份，果期 9 ～ 10 月份。

生长习性： 喜光，耐阴能力强。喜温暖湿润气候，不耐寒。对土壤适应性强，耐盐碱。

观赏价值及园林用途： 枝叶茂密，叶色亮绿，白花芳香，种子红艳，适应性强，是优良的观叶、观花、观果树种，适宜于草坪边缘、路旁、公园种植观赏，作绿篱及矿区绿化树种。根、叶和种子均可入药。

182. 嘉宝果（树葡萄）

拉丁名: *Plinia cauliflora*

科属: 桃金娘科树番樱属

形态特征: 常绿灌木或灌丛，树高可达10～12米。花簇生于主枝上，花小，白色。果球形，果实初时青变红色，逐渐变紫，熟时紫黑色。多次开花结果，花果期3～12月份。

生长习性: 喜阳，耐少许荫蔽，忌积水，能耐短期干旱。对土壤的适应性强，不耐盐碱。

观赏价值及园林用途: 四季常绿，花果相依，果实形如黑色珍珠般光亮，极具观赏价值。果实还可食用。

183. 羽毛槭（羽毛枫）

拉丁名： *Acer palmatum* var. *dissectum*

科属： 无患子科槭属

形态特征： 落叶灌木，树冠开展，枝条略下垂。叶掌状深裂，新叶艳红，秋叶深黄至橙红色。花小，紫色。翅果嫩时紫红色，成熟时淡棕黄色，小坚果球形。花期5月份，果期9月份。

生长习性： 喜温暖湿润、气候凉爽环境，较耐寒，忌阳光暴晒。

观赏价值及园林用途： 树形开展，枝条略下垂，树叶轻柔如羽毛，叶色丰富，观赏价值颇高。适宜于庭园、公园绿地、城市绿化、花坛、花境景观布置。

184. 金柑（金橘）

拉丁名： *Citrus japonica*

科属： 芸香科柑橘属

形态特征： 常绿灌木或小乔木，高 3 米。花白色，芳香，果圆球形，金黄色，果肉酸甜。花期 4 ～ 5 月份，果期 11 月份～翌年 2 月份。

生长习性： 喜光、喜温暖湿润环境，稍耐寒，稍耐阴耐旱，喜疏松肥沃中性土壤。

观赏价值及园林用途： 花色洁白，果实金黄，具清香，挂果时间较长，是极好的观果花卉。适宜于盆栽观赏及作盆景，也是南方常见果树。

185. 木芙蓉

拉丁名：*Hibiscus mutabilis*

科属：锦葵科木槿属

形态特征：落叶灌木或小乔木。花白色、淡红色至深红色。蒴果扁球形，种子肾形。花期 8 ～ 10 月份。

生长习性：喜光，稍耐阴，喜温暖湿润气候，不耐寒。

观赏价值及园林用途：花大色丽，颜色丰富，是优良园林观赏树种，适宜于庭院、路旁以及工厂周围绿地栽植。

186. 扁担杆

拉丁名： *Grewia biloba*

科属： 锦葵科扁担杆属

形态特征： 落叶灌木，高 2 米，小枝红褐色。花淡绿色。核果橙黄或红色。花期 5 ～ 7 月份。

生长习性： 喜光稍耐阴，喜温暖湿润气候，较耐寒，适应性强，耐干旱。

观赏价值及园林用途： 果实橙红鲜丽，可以经冬不落，是很好的观果树。适宜于园林、庭院、假山边丛植、篱植或孤植配置。

187. 红瑞木

拉丁名： *Cornus alba*

科属： 山茱萸科山茱萸属

形态特征： 落叶灌木，高达 3 米。干直立丛生，暗红色，嫩枝橙黄色，入冬后转血红色。单叶对生，卵形或椭圆形。花黄白色，形成紧密的顶生聚伞花序。果实卵圆形，蓝白色或带白色，花期 6 ～ 7 月份，果期 8 ～ 10 月份。

生长习性： 喜光，耐半阴。极耐寒，较耐旱，也耐湿热环境，喜湿润肥沃的土壤。

观赏价值及园林用途： 茎干鲜红，为优良的冬季观茎树种，适宜于庭院、草坪、建筑物前丛植观赏。

188. 紫金牛

拉丁名： *Ardisia japonica*

科属： 报春花科紫金牛属

形态特征： 小灌木或亚灌木，近蔓生，具匍匐生根的根茎。花小，粉红色或白色。果球形，鲜红色转黑色。花期5～6月份，果期11～12月份，有时5～6月份仍有果。

生长习性： 喜温暖、湿润环境，喜阴，忌阳光直射。适宜生长于富含腐殖质、排水良好的土壤。

观赏价值及园林用途： 枝叶常绿，果实鲜艳经冬不凋，适宜于作林下地被观赏。

189. 朱砂根

拉丁名：*Ardisia crenata*

科属：报春花科紫金牛属

形态特征：直立灌木，高 1 ～ 2 米，叶椭圆形。伞形花序或聚伞花序，花白色。果球形，鲜红色。花期 5 ～ 6 月份，果期 10 ～ 12 月份，有时 2 ～ 4 月份。

生长习性：喜温暖、湿润和半阴的环境，不耐寒，忌强光暴晒，对土壤要求不严。

观赏价值及园林用途：叶色翠绿，果实繁多，鲜红艳丽，是极佳的冬季观果植物，适宜于盆栽观赏及南方庭院种植。

190. 笃斯越橘（蓝莓）

拉丁名： *Vaccinium uliginosum*

科属： 杜鹃花科越橘属

形态特征： 灌木，枝干丛生。叶革质，卵圆形。总状花序，花冠钟状，白色或淡红色。浆果球形，蓝紫色。花期3～4月份，果期5～6月份。

生长习性： 喜光，耐寒，喜酸性土壤。

观赏价值及园林用途： 果实是著名的食用水果。果实蓝紫色犹如颗颗宝石，适宜于庭院或盆栽种植观赏。

191. 花叶青木（洒金桃叶珊瑚）

拉丁名: A*ucuba japonica* var. *variegata*

科属: 丝缨花科桃叶珊瑚属

形态特征: 常绿灌木，高 1 ～ 1.5 米。叶薄革质，油绿有光泽，散生着大小不等的黄色或淡黄色斑点。圆锥花序顶生，花小，紫红或暗紫色。核果浆果状，鲜红色。花期 1 ～ 2 月份，果期 11 月～至翌年 4 月份。

生长习性: 极耐阴，不耐阳光直射。较耐寒，喜湿润、排水良好的肥沃土壤。

观赏价值及园林用途: 叶色青翠光亮，布满金黄色斑点，酷似洒金，小浆果鲜红似玛瑙，十分美丽。适宜庭院及行道树下层灌木栽植，也常作绿篱栽植。

192. 珊瑚豆（冬珊瑚）

拉丁名： *Solanum pseudocapsicum* var. *diflorum*

科属： 茄科茄属

形态特征： 常绿灌木，茎直立分枝。花小，白色。浆果珊瑚红色或橙红色，种子盘状，花期初夏，果期秋末。

生长习性： 喜光，喜温暖湿润气候，适应性强。

观赏价值及园林用途： 植株碧绿，果实鲜艳可爱，是冬季优良观果植物，适宜于南方庭院、公园栽植，也可盆栽室内观赏。

193. 枸杞

拉丁名：*Lycium chinense*

科属：茄科枸杞属

形态特征：落叶灌木，高达2米。花紫色，漏斗状。浆果卵形或长圆形，深红色或橘红色。花果期6～11月份。

生长习性：喜光，喜冷凉气候，耐寒，抗旱能力强，花果期需充足水分，不耐积水。

观赏价值及园林用途：是优良的药食两用果树，树形美观，花淡紫，果实鲜红，也是很好的盆景观赏植物。

194. 紫珠

拉丁名： *Callicarpa bodinieri*

科属： 唇形科紫珠属

形态特征： 落叶灌木，高约 2 米，小枝被黄褐色星状毛。叶片卵状长椭圆形至椭圆形，聚伞花序，花冠紫色，果实球形，紫色。花期 6 ～ 7 月份，果期 8 ～ 11 月份。

生长习性： 喜光，稍耐阴，较耐寒，喜湿润环境，忌积水，对土壤要求不严。

观赏价值及园林用途： 株形优美，花色艳丽，果实鲜艳，是优良的观花观果植物，适宜于庭院、公园绿地观赏，也可作盆栽。

195. 白棠子

拉丁名： *Callicarpa dichotoma*

科属： 唇形科紫珠属

形态特征： 落叶小灌木，多分枝，高 1 ～ 3 米，小枝纤细。叶倒卵形或披针形。聚伞花序花冠紫色，果实球形，紫色。花期 5 ～ 6 月份，果期 7 ～ 11 月份。

生长习性： 喜光，耐寒，适应性强，对土壤要求不严。

观赏价值及园林用途： 树形优美，果实紫色，鲜亮剔透，是优良的观果植物，适宜于公园绿地、庭院绿化带种植。

196. 荚蒾

拉丁名： *Viburnum dilatatum*

科属： 五福花科荚蒾属

形态特征： 落叶灌木，高 2 ～ 3 米。叶宽倒卵形至椭圆形。复聚伞花序，花冠辐状，白色。核果近球形，红色。花期 5 ～ 6 月份，果期 9 ～ 10 月份。

生长习性： 喜光，亦耐阴，耐寒，喜温暖湿润气候，对土壤要求不严。

观赏价值及园林用途： 枝叶繁茂，叶形美观，花朵白色繁密，果实红色艳丽，适宜于庭园栽植观赏。果熟时可食。根、枝、叶及果均可作药用。

197. 地中海荚蒾

拉丁名：*Viburnum tinus*

科属：五福花科荚蒾属

形态特征：常绿灌木，树冠球形，冠径可达 2.5 ～ 3 米。叶椭圆形，深绿色。聚伞花序，花序大，花蕾粉红色，盛开后花白色。果卵形，深蓝黑色。花期 11 月份～翌年 4 月份。

生长习性：喜光，也耐阴、较耐旱，对土壤要求不严。

观赏价值及园林用途：树形美观，枝繁叶茂，花朵繁茂，果实蓝黑，生长迅速，耐修剪，适于作绿篱，也可栽于庭园观赏。

198. 琼花

拉丁名： *Viburnum macrocephalum* f. keteleeri

科属： 五福花科荚蒾属

形态特征： 落叶或半常绿灌木，高达 4 米。叶纸质，卵形至椭圆形或卵状矩圆形。聚伞花序，周围具大型的不孕花，中间为可孕花，花冠白色。果实椭圆形，红色而后变黑，花期 4 月份，果熟期 9 ～ 10 月份。

生长习性： 喜光，略耐阴、较耐寒，喜温暖湿润气候，喜肥沃、湿润、排水良好的土壤。

观赏价值及园林用途： 花朵洁白迷人，红果鲜艳，是传统的观赏花木，适宜于庭院、公园、小区绿地栽植。花和果可入药。

199. 接骨木

拉丁名： *Sambucus williamsii*

科属： 五福花科接骨木属

形态特征： 落叶灌木，高达 5 米；老枝淡红褐色，具明显的长椭圆形皮孔，髓部淡褐色。圆锥花序顶生，花蕾时粉红色，花开后白色或淡黄色。果实红色。花期一般 4 ～ 5 月份，果熟期 9 ～ 10 月份。

生长习性： 适应性强，对气候要求不严格，抗污染性强。

观赏价值及园林用途： 生长迅速，花色洁白，果色鲜红，极为壮观。适宜用作大型花境背景植物，或者墙边大片种植。茎、叶、花均可作药用。

200. 金叶接骨木

拉丁名： *Sambucus canadensis* 'Aurea'

科属： 五福花科接骨木属

形态特征： 落叶灌木，植株高 1.5 ~ 2.5 米，新叶金黄色，老叶黄绿色。聚伞花序顶生，花乳白色。果实红色，成熟后亮黑色。花期 4 ~ 5 月份，果熟期 7 ~ 8 月份。

生长习性： 适应性强，对气候、土壤要求不严格，抗污染性强。

观赏价值及园林用途： 生长迅速，叶色金黄，白花满树，果由红转黑，可作园林景观及花境背景，是优良的观叶、观花、观果植物。

201. 金银忍冬

拉丁名：*Lonicera maackii*

科属：忍冬科忍冬属

形态特征：落叶灌木，高达6米。叶卵状椭圆形或卵状披针形，花冠先白后黄色，唇形，芳香，生于幼枝叶腋。果熟时暗红色，圆形。花期5～6月份，果期8～10月份。

生长习性：喜光，略耐阴、耐寒、耐旱，对土壤适应性强。

观赏价值及园林用途：初夏花朵黄白相映，芳香怡人，秋季红果满枝，晶莹可爱，是花、果俱佳的观赏花木。适宜于庭院、绿地、草坪和路边栽植观赏。茎皮可制人造棉，花可提取芳香油。种子可榨油制肥皂。

202. 蓝叶忍冬

拉丁名： *Lonicera korolkowi*

科属： 忍冬科忍冬属

形态特征： 落叶灌木。单叶对生，卵形或卵圆形，新叶嫩绿，老叶墨绿色泛蓝色。花胭脂红色，浆果亮红色，花期4～5月份，果期9～10月份。

生长习性： 喜光，稍耐阴，耐寒性强，耐修剪。

观赏价值及园林用途： 叶片蓝色秀美，花胭脂红色，浆果红色晶莹剔透，是花、叶、果俱佳的优良灌木。适宜于庭园、花坛、花境公园等地种植。

203. 毛核木

拉丁名： *Symphoricarpos sinensis*

科属： 忍冬科毛核木属

形态特征： 直立灌木，高 1 ～ 2.5 米。幼枝红褐色，叶菱状卵形。花小，白色。果实卵圆形，蓝黑色。花期 7 ～ 9 月份，果熟期 9 ～ 11 月份。

生长习性： 适应性强，耐寒、耐热、耐湿、耐瘠薄，病虫害极少。

观赏价值及园林用途： 树形小巧，枝条下垂，果实蓝黑，是优良的绿化观果树种。

204. 蝟实

拉丁名: *Kolkwitzia amabilis*

科属: 忍冬科蝟实属

形态特征: 多分枝直立灌木，高达3米，叶椭圆形。伞房状聚伞花序，花淡红色。果实密被黄色刺刚毛，形如小刺猬。花期5～6月份，果熟期8～9月份。

生长习性: 喜光，喜温暖湿润环境，较耐寒，耐干旱。

观赏价值及园林用途: 姿态优美，花繁叶茂，花色浓艳，为著名的观花、观果类灌木，是城市园林及工矿区绿化的优良观赏树种。

205. 八角金盘

拉丁名：*Fatsia japonica*

科属：五加科八角金盘属

形态特征：常绿灌木，茎光滑。叶柄长，叶大而光亮，革质，有时边缘呈金黄色。圆锥花序顶生，花黄白色。果近球形，熟时黑色。花期10～11月份，果熟期翌年4月份。

生长习性：耐阴性强，喜温暖湿润环境，也较耐寒，喜湿怕旱，适宜生长于肥沃疏松而排水良好的土壤中。

观赏价值及园林用途：四季常青，叶硕大优美，浓绿光亮，花黄白或淡绿色，非常雅致，是优良的观叶、观花植物。适宜栽植于建筑物的背阴面，是阴生花境的优良植物材料。叶可入药。

206. 白簕（三叶五加皮）

拉丁名: *Eleutherococcus trifoliatus*

科属: 五加科五加属

形态特征: 披散灌木，常攀附其他植物生长，常灌木。复伞形花序或圆锥花序，花黄绿色。果球形，黑色。花期8～11月份，果期9～12月份。

生长习性: 喜温暖湿润气候，耐寒，喜微酸性沙壤土。

观赏价值及园林用途: 枝繁叶茂，抗性强，适宜于作绿篱及庭院假山旁观赏，根、皮可药用。

207.鹅掌柴

拉丁名: *Schefflera heptaphylla*

科属: 五加科鹅掌柴属

形态特征: 常绿乔木或灌木，高 2 ～ 15 米。圆锥花序顶生，花白色。果实球形，黑色，花期 11 ～ 12 月份，果期 12 月份。

生长习性: 喜温暖湿润半阳的环境，稍耐贫瘠，不耐寒，忌积水。

观赏价值及园林用途: 适宜于宾馆、图书馆大厅等室内摆放，也可在南方孤植于庭院。可净化室内空气。

208. 华中五味子

拉丁名： *Schisandra sphenanthera*

科属： 五味子科五味子属

形态特征： 落叶木质藤本，全株无毛，花橙黄色，果实为聚合果，小浆果红色。花期4～7月份，果期7～9月份。

生长习性： 喜阴凉湿润气候，耐寒，需适度荫蔽，忌烈日。

观赏价值及园林用途： 枝繁叶茂，夏有香花、秋有红果，是庭园和公园垂直绿化的良好树种。果可入药。

209. 马兜铃

拉丁名： *Aristolochia debilis*

科属： 马兜铃科马兜铃属

形态特征： 多年生草质藤本。茎柔弱，暗紫色或绿色。叶纸质，卵状三角形，花单生于叶腋；花被喇叭状，蒴果近球形。花期 7 ~ 8 月份，果期 9 ~ 10 月份。

生长习性： 喜光，稍耐阴，耐寒，喜沙质壤土，适应性较强。

观赏价值及园林用途： 叶色翠绿，果实形如铃铛，适宜于成片种植作地被植物或攀援于低矮栅栏作垂直绿化。果实和根可药用。

210. 菝葜

拉丁名： *Smilax china*

科属： 菝葜科菝葜属

形态特征： 攀援灌木，茎长 1 ～ 3 米，少数可达 5 米。伞形花序，花绿黄色。浆果成熟时红色，有粉霜，花期 2 ～ 5 月份，果期 9 ～ 11 月份。

生长习性： 喜疏荫环境，忌阳光直射，喜温暖气候，较耐寒，对土壤适应性较强。

观赏价值及园林用途： 果实鲜艳可爱，可在棚架、山石旁进行种植攀援观赏，亦可作绿篱。根可酿酒也可入药。

211. 木通

拉丁名： *Akebia quinata*

科属： 木通科木通属

形态特征： 落叶木质藤本。幼茎带紫色，老茎密布皮孔。掌状复叶互生，总状花序腋生，花略芳香。花淡紫色，果孪生或单生，长圆形或椭圆形，成熟时紫色，果肉白色多，种子黑色有光泽。花期 4 ～ 5 月份，果期 6 ～ 8 月份。

生长习性： 喜半阴环境，稍耐寒。喜富含腐殖质的酸性上，中性壤土也能适应。

观赏价值及园林用途： 叶形优美，花肉质色紫，三五成簇，果实可爱，是优良的垂直绿化材料。适宜于花架、门廊格墙种植。茎、根和果实可药用，果味甜可食，种子可榨油、可制肥皂。

212. 葡萄

拉丁名： *Vitis vinifera*

科属： 葡萄科葡萄属

形态特征： 落叶木质藤本。叶卵圆形，3～5裂。圆锥花序密集或疏散，花小。果实球形或椭圆形，蓝紫色、红色、绿色。花期4～5月份，果期8～9月份。

生长习性： 喜光，喜温暖气候，耐旱，不耐积水。

观赏价值及园林用途： 树姿优美，果色艳丽晶莹，可于庭院中做成篱架、花廊、花架观赏。果可食用及酿酒。

213. 五叶地锦

拉丁名： *Parthenocissus quinquefolia*

科属： 葡萄科地锦属

形态特征： 落叶木质藤本。老枝灰褐色，幼枝带紫红色。掌状复叶，具五小叶。聚伞花序集成圆锥状。浆果近球形，熟时蓝黑色。花期 6 ～ 7 月份，果期 8 ～ 10 月份。

生长习性： 喜温暖气候，较耐寒，耐暑热，较耐荫蔽。

观赏价值及园林用途： 生长健壮、迅速，适应性强，春夏碧绿可人，入秋后红叶色彩可观，是庭园墙面绿化的主要材料。

214. 地锦（爬山虎）

拉丁名： *Parthenocissus tricuspidata*

科属： 葡萄科地锦属

形态特征： 落叶木质藤本。单叶，常3浅裂。多歧聚伞花序，花黄绿色。浆果球形，紫黑色。花果期5～10月份。

生长习性： 喜阴湿环境，也不怕强光，耐寒、耐旱、耐贫瘠，适应性强，对土壤要求不严。

观赏价值及园林用途： 生长迅速，绿叶密集，秋季叶变橙黄或红色，颇为美观。通常用作高大的建筑物、假山等的垂直绿化。根茎可入药。

215. 四棱豆

拉丁名： *Psophocarpus tetragonolobus*

科属： 豆科四棱豆属

形态特征： 一年生或多年生攀援草本，茎长 2 ～ 3 米或更长。花较大，蓝紫色。荚果四棱状，黄绿色或绿色，有时具红色斑点，果期 10 ～ 11 月份。

生长习性： 喜温暖多湿，不耐寒，对土壤要求不严格，适应性比较强。

观赏价值及园林用途： 果实营养丰富，主要用作蔬菜食用，果实形状奇特，也可用于种植园垂直绿化观赏。

216. 扁豆

拉丁名： *Lablab purpureus*

科属： 豆科扁豆属

形态特征： 多年生或一年生缠绕藤本植物，长可达 6 米。花冠蝶形，白色或淡紫色。荚果长椭圆形，扁平，微弯。种子长方状扁圆形，白色、黑色或红褐色。花果期 4 ～ 12 月份。

生长习性： 栽培种，喜温暖环境，耐旱，适应性强。

观赏价值及园林用途： 花色艳丽，果实奇特，可用于种植园垂直绿化观赏，果实可食用。

217. 云实

拉丁名： *Caesalpinia decapetala*

科属： 豆科云实属

形态特征： 落叶攀援藤本，长 3 ～ 4 米。花冠黄色，有光泽。荚果长椭圆形，偏斜，有喙。花期 5 月份，果期 8 ～ 10 月份。

生长习性： 喜温暖向阳，喜排水良好的沙质土壤。

观赏价值及园林用途： 花序大，颜色鲜艳，开花时十分壮观，适宜于庭院种植，也可作篱笆栽植。根、茎及果可入药。

218. 紫藤

拉丁名： *Wisteria sinensis*

科属： 豆科紫藤属

形态特征： 落叶藤本。总状花序下垂，花紫色或深紫色。荚果倒披针形，密被白色绒毛，悬垂枝上不脱落。花期4～5月份，果期5～8月份。

生长习性： 喜光，较耐阴，较耐寒，对气候和土壤适应性强。

观赏价值及园林用途： 先叶开花，紫色花穗十分美丽，果荚串串，适宜于庭院棚架种植观赏。根、茎、皮及种子可入药。

219. 凌霄

拉丁名： *Campsis grandiflora*

科属： 紫崴科凌霄属

形态特征： 攀援藤本，树皮枯褐色。花大型，漏斗状，外橘黄，内鲜红色。蒴果顶端钝。花期 5 ～ 8 月份。

生长习性： 喜光，喜欢温暖的环境，要求肥沃、深厚、排水较好的沙质土壤。

观赏价值及园林用途： 干枝虬曲多姿，花大色艳，是优良的庭院攀援观赏植物。植株也可药用。

220. 网络崖豆藤

拉丁名： *Callerya reticulata*

科属： 豆科鸡血藤属

形态特征： 攀援状灌木，长2～4米，老枝褐色。蝶形花冠，红紫色。荚果扁条形，种子长圆形。花期5～8月份，果期10～11月份。

生长习性： 喜光，也耐阴。对土质要求不高，以肥沃松散为宜，也耐贫瘠，较为耐旱。

观赏价值及园林用途： 花色鲜艳，花期较长，适宜在庭院中作攀援花架观赏。藤和根还可入药。

221. 鹿藿

拉丁名： *Rhynchosia volubilis*

科属： 豆科鹿藿属

形态特征： 缠绕草质藤本。叶为羽状，小叶纸质。总状花序，花黄色。荚果长圆形，红紫色。种子椭圆形或近肾形，黑色，光亮。花期5～8月份，果期9～12月份。

生长习性： 喜光，耐半阴，喜温暖湿润气候，适应性较强，喜肥沃疏松土壤。

观赏价值及园林用途： 生长迅速，绿叶繁茂，秋季结满红色豆荚，极具观赏价值。适宜于攀援支架及墙面绿化，也可作地面覆盖及护坡植物。根、叶可药用。

222. 薜荔

拉丁名： *Ficus pumila*

科属： 桑科榕属

形态特征： 攀援或匍匐灌木。叶两型。榕果单生于叶腋，梨形或倒卵形，幼时被黄色短柔毛，成熟黄绿色或微红，花果期5～8月份。

生长习性： 对光照要求不严，喜温暖，有一定的耐寒性，喜土壤湿润，忌干燥。

观赏价值及园林用途： 攀援能力强，叶色碧绿，果实可爱，适宜于园林垂直绿化及作护堤护坡植物。瘦果水洗可做凉粉，藤叶可药用。

223. 木鳖子

拉丁名: *Momordica cochinchinensis*

科属: 葫芦科苦瓜属

形态特征: 多年生草质藤本，长达 15 米，块根粗壮。叶掌状，花钟状，浅黄色。果实卵球形，肉质，成熟时红色。花期 6 ～ 8 月份，果期 8 ～ 10 月份。

生长习性: 喜阳，喜温暖湿润气候，对土壤要求不严。

观赏价值及园林用途: 枝繁叶茂，果实金黄，果实上长着一颗颗小刺，就像一个“小刺球”非常可爱，极具观赏价值。嫩叶可食用，种子可药用。

224. 栝楼（瓜蒌）

拉丁名： *Trichosanthes kirilowii*

科属： 葫芦科栝楼属

形态特征： 攀援藤本，长达 10 米。花冠白色。果实椭圆形或圆形，成熟时橙红色；花期 5 ～ 8 月份，果期 8 ～ 10 月份。

生长习性： 喜温暖潮湿气候，较耐寒，不耐旱，喜疏松肥沃土壤，不耐盐碱及积水。

观赏价值及园林用途： 果实大而色艳，像小灯笼挂在枝头，适宜于垂直绿化观赏。果实可食用及入药。

225. 佛手瓜

拉丁名： *Sechium edule*

科属： 葫芦科佛手瓜属

形态特征： 多年生宿根藤本。花辐状，淡黄色。果实淡绿色，倒卵形。花期 7 ～ 9 月份，果期 8 ～ 10 月份。

生长习性： 喜温暖湿润气候，耐热，不耐寒，适于中等光强，耐阴。

观赏价值及园林用途： 果实形态奇特，形如双掌合十，有祝福之意，深受人们喜爱，适宜于庭院种植。果实也可作蔬菜食用。

226. 蛇瓜

拉丁名： *Trichosanthes anguina*

科属： 葫芦科栝楼属

形态特征： 一年生攀援藤本，茎纤细。花白色。果实长圆柱形，扭曲形似小蛇，幼时绿色，成熟时橙黄色。花果期 5 ～ 10 月份。

生长习性： 性强健，喜光，喜高温多湿的环境，忌低温霜害。

观赏价值及园林用途： 果实形态奇特，极具观赏价值，适宜于庭院攀援观赏。果实还可供蔬菜食用，也可药用。

227. 南蛇藤

拉丁名： *Celastrus orbiculatus*

科属： 卫矛科南蛇藤属

形态特征： 落叶藤本。叶阔倒卵形。聚伞花序腋生，花小。蒴果球形，橙黄色，假种皮鲜红色。花期 5 ～ 6 月份，果期 9 ～ 10 月份。

生长习性： 喜阳也稍耐阴，抗寒，抗旱。喜肥沃湿润而排水良好的土壤。

观赏价值及园林用途： 秋叶红黄，假种皮鲜红耀眼，茎、蔓、叶、果都极具观赏价值，适宜于作棚架、墙垣、岩壁的攀援绿化材料。根、藤、果、叶可入药。

228. 西番莲

拉丁名: *Passiflora caerulea*

科属: 西番莲科西番莲属

形态特征: 多年生常绿攀援草质藤本，聚伞花序，有时退化仅存1～2花。花大，淡红色，微香。浆果卵圆球形，熟时黄色。花期5～7月份。

生长习性: 喜光，喜温暖至高温湿润的气候，不耐寒。

观赏价值及园林用途: 花期长，花量大，形态奇特，适宜于庭院观赏。果实可食用。

229. 中华猕猴桃

拉丁名： *Actinidia chinensis*

科属： 猕猴桃科猕猴桃属

形态特征： 大型落叶藤本，茎缠绕攀援生长。聚伞花序，花初放时白色，放后变淡黄色，芳香。果近球形，黄褐色，被茸毛。花期为 5 ～ 6 月份，果熟期为 8 ～ 10 月份。

生长习性： 喜光，耐半阴，在温暖湿润处生长较好，较耐寒。喜湿润肥沃土壤。

观赏价值及园林用途： 花淡雅芳香，果橙黄，适宜于棚架、绿廊攀缘绿化，也可攀附在树上或山石陡壁上。果实可食用。

230. 鸡矢藤

拉丁名: *Paederia foetida*

科属: 茜草科鸡矢藤属

形态特征: 多年生草质藤本，茎长3～5米。花冠浅紫色。果实球形，黄色，平滑有光泽，花期5～7月份。果期9～10月份。

生长习性: 喜温暖湿润环境，适应性强。

观赏价值及园林用途: 花淡紫色，小巧典雅，可用于花境景观种植，全草、根和果实均可供药用。

231.接骨草

拉丁名： *Sambucus javanica*

科属： 五福花科接骨木属

形态特征： 高大草本或半灌木，高 1 ～ 2 米。羽状复叶。花冠白色。果实红色，近圆形，花期 4 ～ 5 月份，果熟期 8 ～ 9 月份。

生长习性： 喜阳，稍耐阴，适应性较强，对气候要求不严，喜肥沃疏松土壤。

观赏价值及园林用途： 成串的红果非常抢眼，极具观赏价值，可用于花境及林缘种植观赏。全株可药用。

232. 东亚魔芋

拉丁名： *Amorphophallus kiusianus*

科属： 天南星科魔芋属

形态特征： 多年生草本，叶柄直立光滑，外皮墨绿色带浅色斑块，像蛇皮花纹。佛焰花序，有臭味。果序由上而下逐渐成熟，浆果初时浅绿色，慢慢转红，最后变成深蓝色。花期4～6月份，8～9月份果实成熟。

生长习性： 耐阴，喜湿，适宜于土层深厚、质地疏松、排水透气良好的土壤。

观赏价值及园林用途： 果序颜色多变，适宜专类园观赏。块根可供药用。

233. 天门冬

拉丁名： *Asparagus cochinchinensis*

科属： 天门冬科天门冬属

形态特征： 多年生常绿半蔓生草本，茎基部木质化。花多白色至淡绿色。浆果初始绿色，成熟后红色。花期 5 ～ 6 月份，果期 8 ～ 10 月份。

生长习性： 喜阴，怕强光，喜温暖，不耐严寒，忌高温。

观赏价值及园林用途： 叶色嫩绿，果实鲜红，适宜于盆栽或悬垂应用。块根可入药。

234. 非洲天门冬（密枝天门冬）

拉丁名： *Asparagus densiflorus*

科属： 天门冬科天门冬属

形态特征： 多年生常绿半蔓性草本。花多数，花小，近白色或淡红色。浆果球形，鲜红色。花期 5 ～ 7 月份，果期 9 ～ 10 月份。

生长习性： 喜温暖及充足光照，极耐旱、耐瘠薄，也较耐阴，不耐积水。

观赏价值及园林用途： 叶色翠绿，姿态优美，适宜于盆栽或悬垂应用，也是切花的优良配叶。

235. 狐尾天门冬

拉丁名： *Asparagus densiflorus* 'Myers'

科属： 天门冬科天门冬属

形态特征： 多年生草本，植株丛生，茎直立生长。小花白色，清香。浆果小球状，初为绿色，成熟后鲜红色。花期5～6月份，果期8～10月份。

生长习性： 喜温暖、湿润的环境，喜阳也耐半阴。

观赏价值及园林用途： 叶片柔软翠绿，植株蓬松可爱，果实鲜红欲滴，适宜于盆栽及庭院花境栽植。

236. 吉祥草

拉丁名：*Reineckea carnea*

科属：天门冬科吉祥草属

形态特征：多年生常绿草木，有匍匐茎。叶披针形，先端渐尖。穗状花序，花芳香，粉红色。浆果鲜红色。花果期 7 ～ 11 月份。

生长习性：喜温暖、湿润、半阴的环境，对土壤要求不严格，以排水良好肥沃壤土为宜。

观赏价值及园林用途：株形典雅，叶色翠绿，红果醒目，常取其吉祥之意，放于厅堂、书斋，也可用于会议室的几案上，也常用于园林中作阴生地被。

237. 万年青

拉丁名： *Rohdea japonica*

科属： 天门冬科万年青属

形态特征： 多年生常绿草本，根状茎粗短。叶自根状茎丛生，厚纸质，披针形或带形。花多数，排列成顶生短穗状花序，淡黄色。浆果球形，熟时红色。花期 5 ～ 6 月份，果期 9 ～ 11 月份。

生长习性： 喜弱光，适半阴，忌强光，喜温暖湿润气候，忌干旱，耐寒力较强，但忌严寒。

观赏价值及园林用途： 四季常青，红果经冬不落，为优良的观叶观果盆栽花卉。根、茎、叶可入药。

238. 水烛

拉丁名：*Typha angustifolia*

科属：香蒲科香蒲属

形态特征：多年生沼生或水生草本。地上茎直立，粗壮，高1.5～3米。叶鞘抱茎，叶宽剑形。穗状花序呈蜡烛状，雌雄花序不相连，小坚果长椭圆形。花果期6～9月份。

生长习性：喜光，喜湿，适应性强。

观赏价值及园林用途：叶片挺拔，花序粗壮，常用作花卉观赏。叶片可用于编织、造纸等。雌花序可作枕芯和坐垫的填充物。

239. 薏苡

拉丁名： *Coix lacryma-jobi*

科属： 禾本科薏苡属

形态特征： 一年生粗壮草本，植株高大，秆直立丛生。叶线状披针形。总状花序腋生，雌小穗总苞卵形至椭圆形，骨质念珠状，有白色、灰色或蓝紫色，质硬而有光泽。花果期 7 ～ 10 月份。

生长习性： 喜温暖、潮湿环境，适应性较强。

观赏价值及园林用途： 可成片大面积种植营造田园风光，作水边、湿地绿化布置材料。薏苡仁可药用、食用。

240. 博落回

拉丁名： *Macleaya cordata*

科属： 罂粟科博落回属

形态特征： 多年直立草本，基部木质化，高 1 ～ 4 米。叶大。大型圆锥花序多花。蒴果狭倒卵形。花果期 6 ～ 11 月份。

生长习性： 喜光，喜温暖湿润环境，喜疏松、排水良好的土壤，适应性强。

观赏价值及园林用途： 植株高大，叶大如扇，开花繁茂，适于花坛、花境或野生花卉园种植。全株可入药。

241. 莲（荷花）

拉丁名： *Nelumbo nucifera*

科属： 莲科莲属

形态特征： 多年生水生草本，具横走肥大地下茎（藕）。叶大圆形，盾状。花单生，颜色丰富。花谢后花托膨大为莲蓬。坚果椭圆形或卵形，果实初青绿色，熟时黑褐色。种子（莲子）卵形或椭圆形，种皮红色或白色。花期 6 ～ 8 月份，果期 8 ～ 10 月份。

生长习性： 喜相对稳定、深 0.3 ～ 1.2 米的静水，喜光，不耐阴，喜热，对土壤要求不严，但以富含有机质的肥沃黏土为宜。

观赏价值及园林用途： 种类丰富，花朵芳香美丽，花谢后莲蓬也极具观赏价值，是传统的水生观赏花卉。莲子可食用。

242. 羽扇豆

拉丁名: *Lupinus micranthus*

科属: 豆科羽扇豆属

形态特征: 一年生草本，高20～70厘米。掌状复叶。总状花序顶生，尖塔形，花色丰富艳丽，常见红、黄、蓝、粉等。荚果长圆状线形。种子卵形，花期3～5月份，果期4～7月份。

生长习性: 喜阳，喜气候凉爽环境，忌炎热，略耐阴，需肥沃、排水良好的沙质土壤。

观赏价值及园林用途: 花序挺立，花色丰富，是优良的花境、花坛植物，极具观赏价值。

243. 猪屎豆

拉丁名： *Crotalaria pallida*

科属： 豆科猪屎豆属

形态特征： 多年生草本或直立矮小灌木。蝶形花黄色。荚果长圆形，花果期 9 ～ 12 月份。

生长习性： 适应性非常强，耐热、耐寒、耐旱，不择土壤。

观赏价值及园林用途： 生长强健，花果美丽，可用于园林应用及作绿肥植物。

244. 决明

拉丁名: *Senna tora*

科属: 豆科决明属

形态特征: 一年生半灌木状草本，高 1 ～ 2 米。花黄色。荚果细长，四棱柱形。种子菱形，光亮。花果期 8 ～ 11 月份。

生长习性: 喜光，喜温暖湿润气候，宜排水良好土壤。

观赏价值及园林用途: 花色鲜黄，灿烂夺目，适宜于公园、绿地、庭院群植及花境种植，也是传统的药用花卉。

245. 刺果甘草

拉丁名： *Glycyrrhiza pallidiflora*

科属： 豆科甘草属

形态特征： 多年生草本，高 1 ～ 1.5 米。茎直立。总状花序腋生，花冠淡紫色、果序呈椭圆状。荚果卵形，多数荚果排列成疏松的椭圆形果序。花期 6 ～ 7 月份，果期 7 ～ 9 月份。

生长习性： 喜光，耐寒，耐旱，喜沙质土壤。

观赏价值及园林用途： 植株常作药用，茎叶可作绿肥。

246. 蓝花赝靛（澳洲兰豆）

拉丁名： *Baptisia australis*

科属： 豆科赝靛属

形态特征： 多年生草本，茎直立，高约 50 厘米到 1 米。羽状复叶，蝶形花蓝色。果实为荚果，椭圆或长圆形。种子棕黄色，肾形。花期 5 月份，果期 6 ～ 8 月份。

生长习性： 喜光，耐旱，耐寒，适应性强，喜排水良好土壤。

观赏价值及园林用途： 花朵蓝色，形态特别，非常美丽，适宜于庭院、公园、园林景观中花境、林缘、草地边缘种植。

247. 盒子草

拉丁名： *Actinostemma tenerum*

科属： 葫芦科盒子草属

形态特征： 一年生草本，茎纤细柔弱。果实绿色，卵形，具锥形果盖。种子表面有不规则雕纹。花期 7 ～ 9 月份，果期 9 ～ 11 月份。

生长习性： 喜湿耐阴，适应性强。

观赏价值及园林用途： 叶形奇特，果实绿色，形如纺锤，具有较高的观赏价值。全草、种子及叶均可入药。

248. 续随子

拉丁名： *Euphorbia lathyris*

科属： 大戟科大戟属

形态特征： 二年生草本，高可达 1 米。茎叶挺拔浓绿。花黄色。蒴果三棱状球形。种子褐色。花期 4 ～ 7 月份，果期 6 ～ 9 月份。

生长习性： 喜光，喜温暖、湿润气候，忌积水，适应性强，对土壤要求不严。

观赏价值及园林用途： 姿态美丽，果实小巧可爱，有一定观赏价值，可作花坛背景培植或自然式庭院培植用。种子可制肥皂和润滑油，亦可入药。

249. 叶下珠

拉丁名： *Phyllanthus urinaria*

科属： 叶下珠科叶下珠属

形态特征： 一年生草本，高10～60厘米，茎常直立。叶片纸质，长圆形，羽状排列。夏秋沿茎叶下面开白色小花。蒴果圆球状。花期4～6月份，果期7～11月份。

生长习性： 稍耐阴，喜温暖湿润气候，喜疏松土壤。

观赏价值及园林用途： 株形优美，枝叶繁茂，小果玲珑可爱，是优良的观叶、观果植物，适宜作绿篱、岩石或水境植物点缀，也可盆栽观赏。全株可药用。

250. 扛板归

拉丁名： *Persicaria perfoliata*

科属： 蓼科萹蓄属

形态特征： 一年生攀援草本。叶三角形。总状花序呈短穗状，花白色或淡红色，花被片椭圆形，果时增大，呈肉质，深蓝色。瘦果球形，黑色，有光泽，包于宿存花被内。花期6～8月份，果期7～10月份。

生长习性： 喜阳，喜温暖气候，适应性强，对土壤要求不严格。

观赏价值及园林用途： 叶形奇特，秋叶红色，花果美丽，适宜于家庭盆栽阳台种植及小庭院种植。全株可食用及入药。

251.青葙

拉丁名: *Celosia argentea*

科属: 苋科青葙属

形态特征: 一年生草本，高0.3～1米，穗状花序顶生，初开时淡红色，后变白色。胞果球形，包裹在宿存花被片内。花期5～8月份，果期6～10月份。

生长习性: 喜温暖气候，耐热不耐寒，对土壤要求不严。

观赏价值及园林用途: 穗状花序粉红，淡雅迷人，花序可宿存经久不凋，适宜于园林花境、地被或庭院绿化种植，富有野趣。

252. 商陆

拉丁名： *Phytolacca acinosa*

科属： 商陆科商陆属

形态特征： 多年生草本，高0.5～1.5米，茎直立。花白色。果序直立，浆果扁球形，熟时黑色。花期5～8月份，果期6～10月份。

生长习性： 喜温暖湿润气候，对土壤要求不严。

观赏价值及园林用途： 肉质根粗壮，根系发达，常用作固土植物，也可作绿肥植物。

253. 萝藦

拉丁名： *Metaplexis japonica*

科属： 夹竹桃科萝藦属

形态特征： 多年生缠绕草本，有乳汁。总状聚伞花序，花冠白色，辐射状有柔毛。蓇葖果单生，纺锤形。花期 7 ～ 8 月份，果期 9 ～ 10 月份。

生长习性： 耐阴，适应性强，对土壤要求不严。

观赏价值及园林用途： 果实较大，形态奇特，具有很高的观赏价值，可以用于庭院攀援观赏。块根、全草及果壳可入药。

254.乳茄

拉丁名：*Solanum mammosum*

科属：茄科茄属

形态特征：直立草本，高约1米。花冠紫槿色。浆果倒梨状，果实基部有5个乳头状突起，形态奇特。花果期夏秋间。

生长习性：喜温暖、湿润和阳光充足环境，不耐寒，怕水涝和干旱。宜肥沃、疏松和排水良好的沙质壤土。

观赏价值及园林用途：果形奇特，观果期达半年，果色鲜艳，是一种珍贵的观果植物，在切花和盆栽花卉上广泛应用，也可用于园林栽植观赏。

255. 野茄（丁茄）

拉丁名： *Solanum undatum*

科属： 茄科茄属

形态特征： 直立草本至亚灌木，高 0.5 ～ 2 米。花冠辐射状，呈星形，蓝紫色。浆果球状，成熟时黄色。花期夏季，果期冬季。

生长习性： 喜温暖湿润气候，对土壤要求不严。

观赏价值及园林用途： 果实颜色诱人，小巧可爱，适宜于盆栽观赏及庭院种植。

256. 朝天椒（五色椒）

拉丁名: *Capsicum annuum var. conoides*

科属: 茄科辣椒属

形态特征: 多年生草本常作一年生栽培，辣椒变种，高 30 ～ 60 厘米。花冠白色或淡紫色。果实圆锥状，直立，成熟时红色或紫色。花果期 5 ～ 11 月份。

生长习性: 喜光，喜温暖环境，不耐寒，喜潮湿肥沃土壤。

观赏价值及园林用途: 果实颜色多样，有红、紫、白、绿、黄五色，又称五彩椒，富有光泽，玲珑可爱，极具观赏价值，常用作盆栽或庭园观赏。果实也可食用。

257.曼陀罗

拉丁名： *Datura stramonium*

科属： 茄科曼陀罗属

形态特征： 草本或半灌木状，高 0.5 ～ 1.5 米，茎粗壮。花冠漏斗状，白色至紫色。蒴果直立，卵圆形。花期 6 ～ 10 月份，果期 7 ～ 11 月份。

生长习性： 喜光，喜温暖，喜排水良好的沙质土壤。

观赏价值及园林用途： 花朵形态妖娆，花色高贵，适宜于庭院种植。植株可药用。

258. 牛蒡

拉丁名： *Arctium lappa*

科属： 菊科牛蒡属

形态特征： 二年生草本，茎直立，高达2米，基生叶大，宽卵形。头状花序丛生或排成伞房状，小花紫红色。瘦果倒长卵形，浅褐色。花果期6～9月份。

生长习性： 喜长日照，喜温暖气候，耐热耐寒，适应性较强。

观赏价值及园林用途： 植株高大，花色紫色，花朵繁茂，头状果序挂满枝头，观赏价值高，适宜于花境及野生花卉园种植。果实及根可入药。

259. 向日葵

拉丁名： *Helianthus annuus*

科属： 菊科向日葵属

形态特征： 一年生高大草本。茎直立，高 1 ～ 3 米。头状花序极大，单生于茎端或枝端，黄色。瘦果倒卵形，黑色。花期 7 ～ 9 月份，果期 8 ～ 9 月份。

生长习性： 喜光，喜温暖气候，不耐低温，对土壤要求不严。

观赏价值及园林用途： 花大美丽，金黄灿烂，极具观赏价值。种子可食用，也是重要的榨油材料。

260. 桂圆菊

拉丁名： *Acmella oleracea*

科属： 菊科金纽扣属

形态特征： 一年生草本植物。头状花序单生于长长的花梗上，锥体形，形如桂圆，花黄色，中间红褐色，又似纽扣。瘦果长圆形，暗褐色。花果期 4 ～ 11 月份。

生长习性： 喜光，喜温暖湿润气候，不耐寒、忌干旱，喜肥沃疏松土壤。

观赏价值及园林用途： 花形奇特，小巧可爱，可用于盆栽观赏，也可用于花坛花境布置。

参考文献

［1］中国科学院植物研究所．高等植物图鉴［M］. 北京：科学出版社，1987.

［2］吴征镒，洪德元．中国植物志［M］. 北京：科学出版社，2010.

中文索引